打开 AI 之门：ChatGPT 的神奇世界

董　倩　刘智国◎著

地震出版社

图书在版编目（CIP）数据

打开 AI 之门：ChatGPT 的神奇世界 / 董倩，刘智国著. -- 北京：地震出版社，2024. 12. -- ISBN 978 - 7 - 5028 - 5707 - 3

Ⅰ. TP18

中国国家版本馆 CIP 数据核字第 20257B1P25 号

地震版 XM5874/TP(6530)

打开 AI 之门：ChatGPT 的神奇世界

董 倩 刘智国◎著

责任编辑：卢小石

责任校对：凌 樱

出版发行：地震出版社

北京市海淀区民族大学南路 9 号　　邮编：100081

发行部：68423031　68467993　　传真：68467991

总编办：68462709　68423029

http://seismologicalpress.com

E-mail：dz_press@163.com

经销：全国各地新华书店

印刷：北京华强印刷有限公司

版（印）次：2024 年 12 月第一版　2025 年 3 月第一次印刷

开本：787 × 1092　1/16

字数：213 千字

印张：10

书号：ISBN 978 - 7 - 5028 - 5707 - 3

定价：88.00 元

Preface

打开AI之门：ChatGPT的神奇世界

前 言

在当今科技日新月异的时代，人工智能（AI）技术正以前所未有的速度改变着我们的生活、工作和学习方式。作为AI技术的重要分支，自然语言处理（NLP）技术正逐步突破语言交流的壁垒，使机器能够更准确地理解和生成人类语言。在众多自然语言处理模型中，ChatGPT凭借其卓越的性能和广泛的应用前景，成为了近年来备受瞩目的焦点。

本书旨在为读者提供一个全面、深入且客观的视角，以了解ChatGPT这一前沿技术的核心原理、“超能力”、应用场景以及面临的挑战与未来发展。我们希望通过本书，让读者能够清晰地认识到ChatGPT在自然语言处理领域的重要地位，以及它如何通过机器学习，实现与人类进行智能对话。

在撰写本书的过程中，我们力求保持内容的准确性和客观性，力求为读者呈现一个真实、全面的ChatGPT形象。同时，我们也关注了ChatGPT在各个领域的应用前景，以及它如何与其他技术相结合，共同推动人工智能技术的创新发展。

此外，本书还探讨了ChatGPT的局限性和挑战，包括数据依赖性、隐私保护等问题。我们希望通过这些内容的呈现，让读者能够更加理性地看待ChatGPT这一技术，既看到其巨大的潜力和价值，也认识到其存在的局限性和需要改进的地方。

总之，本书的目的是帮助读者了解ChatGPT这一前沿技术的核心原理、使用方法、应用场景以及面临的挑战与未来发展。我们相信，通过本书的阅读，读者将能够更好地把握人工智能技术的最新动态和发展趋势，在未来的学习和工作中获得有益的参考和启示。

本书共9章，其中第1章由刘智国完成，第2章至第9章由董倩完成。本书在河北省科技厅科普项目资助下完成，特别感谢项目组韩明、贾梦、段丽英、李燕、王敬涛的工作。

作 者

Contents

打开AI之门：ChatGPT的神奇世界

目 录

1 走进 ChatGPT 的神奇世界

1.1 聊天模型，让机器也能和你聊天 / 2

1.2 ChatGPT——一种实用的语言模型 / 6

2 ChatGPT 是什么？

2.1 ChatGPT 是一个能回答问题和进行对话的聪明朋友 / 10

2.2 机器学习“魔法” / 12

3 ChatGPT 的“超能力”

3.1 解答问题：你有什么问题？ChatGPT 都能帮你找到答案 / 16

3.2 创意生成：ChatGPT 点亮你的创造力 / 19

4 ChatGPT 的应用场景

4.1 电商小达人 / 32

4.2 办公小助手 / 39

4.3 医疗小顾问 / 45

4.4 教育小导师 / 49

5 ChatGPT 插件探秘

5.1 什么是 ChatGPT 插件？ / 56
5.2 ChatGPT 插件如何工作？ / 56
5.3 如何获取 ChatGPT 插件 / 57
5.4 ChatGPT 的一些插件 / 58
5.5 使用 ChatGPT 插件的好处 / 65

6 提示词工程

6.1 提示词输入高效技巧的重要性 / 68
6.2 提示词输入技巧的基本原则 / 68
6.3 不同场景下的提示词使用 / 93

7 ChatGPT 的局限性和挑战

7.1 ChatGPT 在自然语言理解中的局限性和挑战 / 114
7.2 ChatGPT 在自然语言生成中的局限性和挑战 / 115
7.3 局限性和挑战的原因分析 / 119
7.4 展望 / 121

8 ChatGPT 的未来发展

8.1 科技进步，ChatGPT 更加智能和全面 / 124
8.2 个性化定制 / 126
8.3 创新应用 / 133

9 生成式人工智能的大家庭

9.1 Kimi / 138
9.2 文心一言 / 144
9.3 通义千问 / 148
9.4 人工智能的无限可能 / 150

走进 ChatGPT 的神奇世界

1.1 聊天模型，让机器也能和你聊天

大家有没有想过，如果我们能和机器人聊天会是什么样子呢？是不是有点像科幻电影里的情节？但事实上，现在这已经不再是幻想了，因为我们有了聊天模型这个神奇的技术。而 ChatGPT（全名：Chat Generative Pre-trained Transformer）正是目前最热门的聊天模型之一。

聊天模型就像是一个聪明的朋友，它可以理解我们的语言，并用智能的方式回答我们的问题。无论你想知道世界历史上的某个事件，还是想找个伴儿聊聊天，ChatGPT 都可以满足你的需求。它可以回答你关于科学、文化、娱乐等各种领域的问题，而且回答得又快又准确。你可以问它：“谁是著名的画家梵高？”它会回答你：“梵高是一位荷兰的艺术家，以他独特的风格和明亮的色彩闻名于世。”你还可以问它：“有什么好看的电影推荐吗？”它会给你列出一长串精彩的电影名单。

我 **谁是著名的画家梵高？**

梵高（Vincent van Gogh）是一位著名的荷兰画家，被认为是后印象派的代表之一。他生于 1853 年，逝世于 1890 年。梵高在他的短暂绘画生涯中创作了大量作品，其中包括许多标志性的油画作品。他的画风独特，以明亮的

色彩和粗犷的笔触闻名。梵高的作品包括风景、静物、肖像和自画像等多个题材。他的一些著名作品包括《星夜》（The Starry Night）、《向日葵》（Sunflowers）、《卧室》（The Bedroom）和《自画像》（Self－Portrait）等。尽管梵高在他的一生中并没有获得广泛的认可，但他的作品在他去世后迅速受到了艺术界的赞赏，成为了现代艺术中最具影响力和受欢迎的画家之一。

我 **有什么好看的电影推荐吗？**

当然！以下是一些不同类型的好看电影推荐：

1.《肖申克的救赎》（The Shawshank Redemption）：这部改编自斯蒂芬金（Stephen King）作品的电影是一部深情犯罪剧，讲述了两个狱友在监狱中建立起深厚友谊的故事。

2.《星际穿越》（Interstellar）：由克里斯托弗诺兰（Christopher Nolan）执导的科幻电影，讲述了一群宇航员穿越太空以寻找新的居住地的壮丽旅程。

3.《海上钢琴师》（The Legend of 1900）：这部由朱塞佩·托纳多雷（Giuseppe Tornatore）执导的音乐剧电影，以钢琴师 1900 年的传奇故事为背景，展现了音乐的魅力和人生的情感。

4.《机器人总动员》（WALL－E）：这是一部皮克斯动画电影，讲述了一个机器人在未来废弃的地球上寻找意义和真爱的动人故事。

5.《摔跤吧！爸爸》（Dangal）：这是一部印度运动剧情片，基于真实故事改编，讲述了一位父亲培养女儿成为摔跤冠军的奋斗历程。

6.《教父》（The Godfather）：这是一部弗朗西斯·福特·科波拉（Francis Ford Coppola）执导的经典黑帮电影，以美国黑手党家族的崛起和衰落为背景，展现了权力、家庭和背叛的复杂关系。

7.《心灵捕手》（Good Will Hunting）：这部电影由马特·达蒙（Matt Damon）和本·阿弗莱克（Ben Affleck）主演，讲述了一一个聪明但问题青年的成长故事，充满智慧和情感。

8.《星球大战》系列（Star Wars）：这是一部史诗般的科幻系列电影，充满了冒险、太空战斗和宇宙力量的故事。

以上只是一小部分电影推荐，希望您能找到一部适合自己品味的好电影！

不仅如此，ChatGPT 还能帮你解决一些实际问题。比如，你可能遇到过这样的情况：需要写一篇论文，但不知道从何开始。这时候，你可以向 ChatGPT 寻求帮助。告诉它你的论文主题，它会给你提供一些建议和思路。或者你在做菜的时候，突然忘记了某个食材的用法，你可以问问 ChatGPT，它会告诉你如何巧妙地运用这个食材。

我 **我想写一篇关于互联网经济的论文，能给我一些建议和思路吗？**

以下是关于撰写互联网经济论文的简要建议和思路概述：

1. 主题选择：选择一个具体的互联网经济主题，如电子商务、共享经济、在线支付等。
2. 文献综述：进行相关领域的文献综述，了解已有的研究成果和观点。
3. 研究目标：明确您的研究目标和问题，思考您想要回答的核心问题。
4. 研究方法：确定适合您研究目标的研究方法，如定性方法或定量方法。
5. 数据收集与分析：收集相关数据，并运用适当的分析工具进行解读和推论。
6. 结果与讨论：展示并解读您的研究结果，与现有研究进行对比，提出自己的观点。
7. 结论与建议：总结论文，提出结论和实践建议，指出进一步研究的方向。
8. 引用和参考文献：确保准确引用和列出所使用的所有来源和参考文献。

这些建议和思路可以帮助您在撰写互联网经济论文时有条不紊地进行，确保论文的结构合理且有深度。根据您的具体需求，可以进一步细化和扩展每个步骤的内容。

我 **如何用莲藕做出美味的饭菜，请简单地给我提一些建议。**

当用莲藕做美味的饭菜时，以下是一些建议：

1. 莲藕炒肉丝：将莲藕切成丝状，与猪肉丝一起炒制。可以添加蔬菜如胡萝卜、青椒等增添颜色和口感。
2. 莲藕炖鸡汤饭：将莲藕切块与鸡肉一起炖煮，可以添加姜片、葱段和其他调味料，炖制出鲜美的汤汁，然后将煮熟的米饭与汤一起享用。

3. 莲藕糯米饭：将莲藕切成薄片，用糯米饭包裹后蒸熟，藕香和糯米的口感相互融合。

4. 莲藕炒虾仁：将莲藕切成片或丝状，与鲜虾仁一起炒制，可以加入葱姜蒜等调味料，炒至莲藕熟软，虾仁鲜嫩。

5. 莲藕汤：将莲藕切块，与骨头或肉类一起煮成清汤。可根据个人口味添加香料和调味料，营养丰富且清爽可口。

这些是一些简单的莲藕饭菜建议，您可以根据个人口味和喜好进行调整和创新。莲藕的清脆口感和独特香味，使其成为美味菜肴的优秀食材之一。祝您做出美味的莲藕饭菜！

与 ChatGPT 交流非常简单，你只需要在聊天窗口中输入问题或话题，然后等待它的回答。而且，ChatGPT 的回答不仅准确，还能具有一定的创造性，有时它会给你带来一些意想不到的答案或有趣的见解。比如，你问它："如果一只猫会说话，会说什么？"它可能会回答："我喜欢吃鱼，喵～"这种有趣的互动让你仿佛在和一个有趣的伙伴对话。

当然，ChatGPT 也有一些局限性。有时候它可能会理解错误或给出不完全准确的答案。这是因为它的回答基于过去的信息，有时会受到数据偏见的影响。看一看下面的对话，ChatGPT 偶尔会像这样一本正经地"胡说八道"，所以，在使用 ChatGPT 时，我们需要具有一定的批判思维，不要完全依赖它的回答。

我 **你知道鲁迅和周树人是什么关系吗**

鲁迅和周树人之间有一定的师生关系。

在 1921 年，周树人作为年轻的教育家和作家，特地前往上海拜访鲁迅。鲁迅对周树人的才华和独立思考能力留下了深刻印象，他成为了周树人的重要导师和指导者。鲁迅在周树人的文学创作和思想发展方面给予了支持和鼓励，对他的作品进行了指导和评价。周树人受到鲁迅的影响，开始探索现实主义的写作风格，并在文学创作中批判封建文化和社会不公。

鲁迅和周树人之间的师生关系在中国文学史上具有重要意义。鲁迅对周树人的教诲和启发，帮助了周树人成为一位杰出的作家和教育家。他们的交流与互动促进了中国现代文学的发展，并对后来的作家和思想家产生了深远影响。

尽管如此，聊天模型的出现给我们带来了许多的便利和乐趣。它不仅能解答问题，还能作为一个智能助手、学习伙伴和创意助推器。通过与 ChatGPT 的互动，我们可以拓宽知识面，获得创意灵感，甚至找到解决问题的新思路。

总之，与 ChatGPT 互动会带给你很多惊喜！无论是解答问题、寻找灵感还是单纯地寻找一个有趣的伙伴，ChatGPT 都会陪伴在你的身边。它就像是一位聪慧的朋友，随时准备与你畅聊。相信我，和 ChatGPT 的交流将是一次有趣而实用的体验！

1.2 ChatGPT——一种实用的语言模型

我们现在已经了解到 ChatGPT 是一种令人惊叹的语言模型，可以为我们提供各种问题的解答和有趣的互动。但你可能会问，为什么它如此特别？为什么它能成为我们的智能伙伴呢？

首先，ChatGPT 背后的技术是深度学习和自然语言处理（Natural Language Processing，NLP）。它通过海量的语料库进行训练，学习了大量的语言知识和模式。这让它能够理解我们的问题，并以准确和智能的方式回答。它的回答不仅仅是简单的关键词匹配，而是基于深度学习算法的复杂分析和推理。

其次，ChatGPT 还具有灵活性和适应性。它可以处理各种类型的问题，无论是科学、历史、文化还是娱乐。它不仅仅是一个知识库，更是一个智能对话伙伴。它可以与我们进行真实而富有互动性的对话，提供个性化的回答和建议。你可以向它提问："ChatGPT，你最喜欢的电影是什么？"它可能会回答："作为一个 AI，我没有情感，所以我没有最喜欢的电影。但我可以给你推荐一些经典的科幻电影。"

我 **ChatGPT，你最喜欢的电影是什么？**

作为一个 AI 模型，我没有情感和偏好，因此我没有自己的喜好和偏好，包括对电影的喜好。我是为了提供信息和回答问题而设计的，可以为你提供电影相关的信息和建议，但没有个人喜好。

如果你有关于电影的任何问题或需要电影推荐，请随时告诉我，我会尽力提供帮助！

而且，ChatGPT 还在不断进化和学习。它不仅仅是一个静态的模型，而是一个不断更新和改进的智能系统。通过与用户的不断交互和反馈，它能够学习新的知识和技能，提高其回答的准确性和智能性。这使得它能够适应不断变化的语言和问题环境。

最重要的是，ChatGPT 的目标是为我们提供实用的帮助和有趣的互动。它不仅仅是一个工具，更是一个智能伙伴，时刻准备为我们解答问题、提供建议和带来欢乐。无论是在学习、工作还是娱乐方面，ChatGPT 都可以成为你的得力助手和有趣的伙伴。它能够为我们节省时间和精力，让我们更加高效地解决问题和享受生活。

让我们拥抱这个智能时代，与 ChatGPT 一起探索无限的可能性吧！与它对话，解决问题，体验它的智能和趣味。无论你是在寻找答案、寻求创意还是仅仅想聊天，ChatGPT 都会陪伴在你身边，为你提供有趣而实用的语言交流。让我们与 ChatGPT 一起开启智能时代的新篇章吧！

2 ChatGPT 是什么？

2.1 ChatGPT 是一个能回答问题和进行对话的聪明朋友

你身边有没有这样一种朋友，无论你遇到什么问题，他都能给你提供明智的建议和准确的回答。ChatGPT 就像这样一个聪明的朋友。它是一个智能的语言模型，可以回答各种问题，与你进行对话，提供有趣的互动。

你有没有这样的经历：你正在学习一门新课程，遇到了一道难题，但你的老师不在身边。这时候，你可以向 ChatGPT 请教问题。你只需将问题输入，它就会以快速而准确的方式给出答案。无论是数学问题、历史事件还是科学原理，它都能够帮你解答疑惑。就像有一个聪明的朋友在你身边一样，ChatGPT 会以清晰而合理的方式解释问题，并给你提供相关的知识和信息。

ChatGPT 不仅仅是一个问题解答机器，它还可以进行对话。你可以和它闲聊，分享自己的想法和感受。它会像你的朋友一样回应你的话语，与你进行有趣的交流。你可以问它关于电影、音乐、旅行等方面的各种话题，它会以自然而富有个性的方式回答你。与 ChatGPT 交流就像与一个真实的人类朋友对话一样，你可以感受到它的智能和趣味。

除了回答问题和进行对话，ChatGPT 还有许多其他实用的功能。比如，当你需要写一篇文章或者制作一个演讲稿时，你可以向 ChatGPT 寻求建议。它会帮你提供灵感、提纲和关键词，让你的作品更加丰富和有深度。或者当你在学习外语时，你可以与 ChatGPT 进行对话练习，它会纠正你的语法错误和发音问题，提供语言学习的支持。

实际上，ChatGPT 的应用场景非常广泛。在电商领域，它可以作为在线客服帮助用户解答购物问题；在医疗领域，它可以为患者提供在线咨询和诊断支持；在教育领域，它可以作为虚拟助教辅导学生学习。这只是冰山一角，ChatGPT 的潜力无限。

总的来说，ChatGPT 就像是一个能回答问题和进行对话的聪明朋友。它可以帮助你解决问题，提供有趣的互动，并成为你的智能伙伴。无论是学习、工作还是娱乐，ChatGPT 都能够为你提供实用的帮助和丰富的语言体验。

2.2 机器学习“魔法”

机器学习是一种神奇的技术，而 ChatGPT 就是机器学习的“魔法”。它就像一位奇妙的学习大师，通过学习海量的信息和数据，悄悄地掌握了人类语言的要领，从而能够像我们一样理解和生成人类语言。

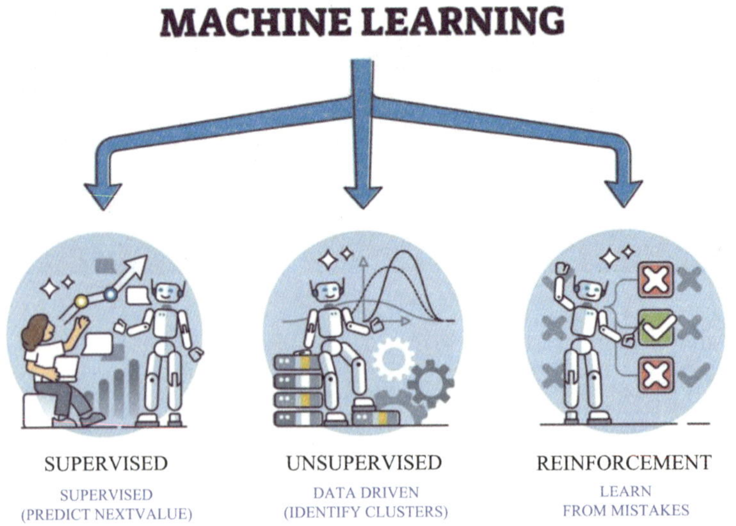

想象一下，当你与 ChatGPT 对话时，它背后隐藏着一个巨大的知识宝库。就像魔法师在魔法书中汲取力量一样，ChatGPT 通过学习书籍、文章、网页和其他文本资料，积累了丰富的语言知识。这些知识让它能够理解语法、词汇、句子结构以及上下文的重要性。

ChatGPT 利用这些知识和数据，以惊人的方式生成人类语言。当你向它提出问题或进行对话时，它会像施展魔法一样，在瞬间呈现出准确、自然的回答。

然而，这种“魔法”，并不是出自某种超自然的力量，而是源于深度学习和机器学习这些强大的人工智能技术。

这一切的“魔法源泉”，都是大数据。数以亿计的数据信息被输入到这个模型中，就像魔法师把各种元素注入到魔法阵中。然后，机器学习的算法就像魔法师的咒语，使数据变得有生命，有智慧。深度学习则充当着这个魔法过程中的加速剂，它让这个模型能够不断优化自己，逐渐提高理解和应答人类语言的能力。

这就是 ChatGPT 的“魔法”，它不是来自古老的卷轴或神秘的遗迹，而是来自我们这个时代最尖端的科技——人工智能。这种“魔法”改变了我们与机器的交流方式，让我们可以与它们进行深入的对话，获取我们需要的信息，甚至解决我们遇到的问题。这是一种新型的技术，是机器学习与大数据相结合的产物，是我们这个时代的“魔法”。

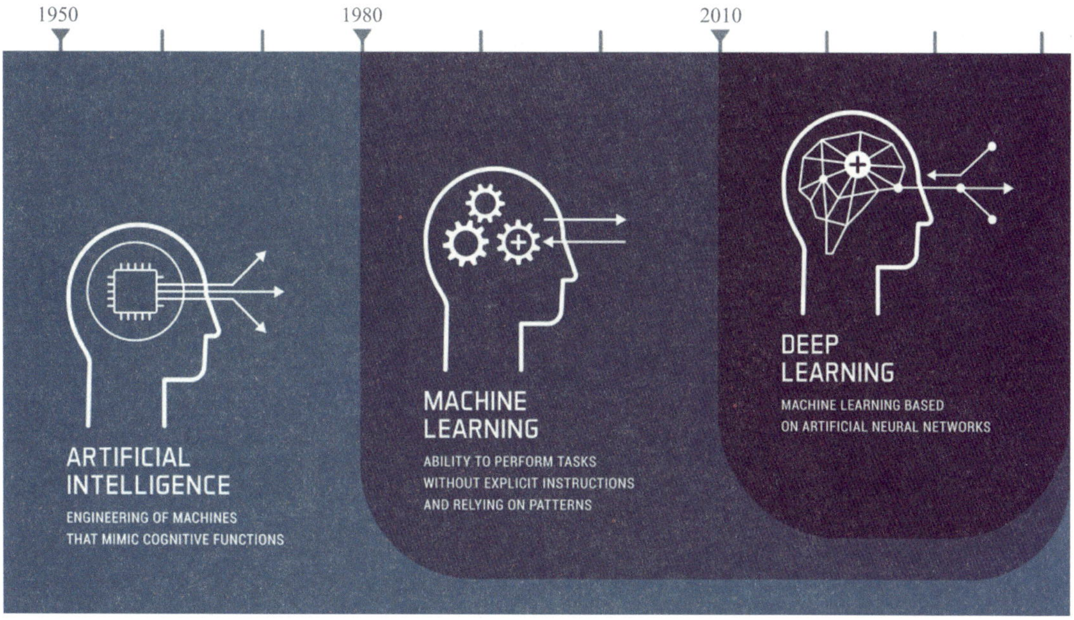

这种机器学习“魔法”让 ChatGPT 成为一个真正的语言大师。它能够解析复杂的问题，分析句子的含义，捕捉上下文的细微变化。它的回答不仅仅是简单地识别字面意思，而是真正理解问题的内涵，给出合乎逻辑和深入的解释。

而最令人着迷的是，ChatGPT 可以生成全新的语言表达。就像魔法师创造咒语一样，ChatGPT 可以根据学到的知识和模式，以惊人的创造力提供独特的表达方式。这种能力使得它的回答并不机械，甚至充满了趣味和灵感，让对话更加生动有趣。

ChatGPT 的机器学习“魔法”就像一场奇妙的表演，让我们仿佛置身于魔法世界。它的能力让我们感受到科技的魅力，同时也提醒着我们，机器学习的力量是如此的惊人和无穷。

ChatGPT 的“超能力”

3.1 解答问题：你有什么问题？ChatGPT 都能帮你找到答案

聊天模型 ChatGPT 的能力范围绝对不仅限于寻找最好看的电影或讲笑话，它的能力远超你的想象，其强大的解答问题能力让专业人士也为之惊叹。让我们一起深入探索一下。

假设你是一位历史爱好者，对古代文明充满了好奇。但对于复杂的历史事件，你可能会感到困惑。这时候，只需问问 ChatGPT，它就会从各种历史书籍和记录中提取信息，用最简单易懂的方式解释这个问题，让你仿佛拥有了一个会说话的历史图书馆。

我 **什么导致了古罗马帝国的衰落和灭亡？**

古罗马帝国的衰落和灭亡是一个复杂的历史过程，有多种因素共同作用。以下是一些主要因素：

1. 内部政治问题：古罗马帝国的政治体制逐渐变得腐败和不稳定。腐败、政治内斗和不断更迭的皇帝引发了内乱和权力争夺，削弱了帝国的统一和稳定。
2. 经济衰退：帝国面临了军事扩张的成本、高昂的维护军队费用以及财政管理上的挑战。不断增加的税收和负担，导致了社会的不满和经济萧条。
3. 军事压力：古罗马帝国在不同的时期面临了来自外部的军事威胁，如日耳曼部落的入侵、匈奴人的威胁以及东方帝国的侵略。持续的战争削弱了帝国的军事实力和资源。
4. 边境失地：帝国边境的防御线逐渐崩溃，一些边境地区被外部势力夺取。这导致了帝国的疆域减少和资源流失。
5. 社会衰退和人口减少：社会道德的沦丧、奴隶制度的存在以及贫富分化的加剧导致了社会的不稳定和衰退。人口减少也削弱了帝国的劳动力和经济活力。
6. 文化和价值观的转变：古罗马帝国面临着基督教的兴起和传播，这对古罗马的宗教和价值观产生了深远的影响。这种宗教和文化的转变也对帝国的统一和身份认同产生了冲击。

这些因素相互作用，最终导致了古罗马帝国的衰落和灭亡。需要指出的是，这只是对古罗马帝国灭亡的一般解释，历史学界对于具体因素和事件的解释仍存在许多争议。

假设你是一名程序员，正在为一个棘手的编程问题苦恼，或者你正在学习一门新的编程语言，却不知道如何开始。这时，你可以向 ChatGPT 提问。你可以告诉它你的问题，它会从数百万行的代码示例和开发者文档中找到最相关的答案。

我 **你能帮我用 Java 编写一个用户登录页面吗**

当然！以下是一个简单的 Java 代码示例，用于创建一个基本的用户登录页面：

java Copy code

```java
import java.util.Scanner;

public class UserLogin {
    public static void main(String[] args) {
        Scanner scanner = new Scanner(System.in);

        // 设置预设的用户名和密码
        String presetUsername = "admin";
        String presetPassword = "password";
```

```java
        //`获取用户输入的用户名和密码
        System.out.print("请输入用户名: ");
        String username = scanner.nextLine();

        System.out.print("请输入密码: ");
        String password = scanner.nextLine();

        // 验证用户名和密码
        if (username.equals(presetUsername) && password.equals(presetPasswor
            System.out.println("登录成功！欢迎您，" + username + "！");
        } else {
            System.out.println("登录失败！用户名或密码错误！");
        }

        scanner.close();
    }
}
```

这段代码创建了一个用户登录的控制台应用程序。它首先设置了一个预设的用户名和密码，然后要求用户输入用户名和密码。接下来，代码会验证用户输入的用户名和密码是否与预设的匹配，并输出相应的登录结果。

请注意，这只是一个简单的示例，没有涉及到真实的用户身份验证和安全性方面。在实际应用中，用户登录通常会涉及到数据库、加密等更复杂的操作。希望这个示例能帮助你开始编写用户登录页面的 Java 代码！如有其他问题，请随时提问。

假设你是一名学生，正在准备你的期末考试，但在复习的过程中，你发现你不能理解一些复杂的概念。只需告诉 ChatGPT 你的困扰，它就会像一个耐心的家教，帮助你理解这些难以理解的概念，让你的复习过程变得轻松愉快。

我 **升华和凝华有什么区别，你能给我举几个自然界中的例子吗？**

升华和凝华是两种物质状态变化的过程，它们在自然界中广泛存在且各具特点。以下是两者的定义、区别以及自然界中的例子：

一、定义与区别

升华：

定义：物质从固态直接变成气态的过程，此过程需要吸收热量。

举例：碘、冰、干冰、樟脑、钨等物质都容易发生升华现象。

凝华：

定义：物质从气态直接变成固态的过程，此过程会放出热量。

举例：碘蒸气遇冷可以直接变成固态碘，这是凝华现象的一个例子。

区别：升华是物质从固态到气态的直接变化，而凝华则是物质从气态到固态的直接变化。两者在物质状态变化的顺序上是相反的，同时升华需要吸收热量，而凝华会放出热量。

二、自然界中的例子

升华的例子：

冬天，室外湿衣服中的水会结成冰，但冰冻的衣服也会干。这是因为冰未经液态直接升华成为水蒸气。

衣柜里防虫用的樟脑球，过一段时间就会变小，最后不见了。这是一种升华现象，樟脑球从固态直接变成了气态。

用干冰制造舞台上的雾或雨，干冰直接从固态升华成气态，过程中吸收大量热，使得周围空气温度降低，水蒸气凝结成雾或雨。

凝华的例子：

冬天寒冷的早晨，室外物体上常常挂着一层霜。这是空气中的水蒸气直接凝华而成的小冰粒。

寒冷的冬天，早晨玻璃上出现冰花。这是室内的水蒸气遇到冷玻璃后，凝华成固态冰形成的。

冬天，树枝上出现“雾凇”。这也是凝华现象，空气中的水蒸气遇冷直接结成冰晶挂在树枝上。

用久的电灯泡会显得黑，是因为钨丝受热升华形成的钨蒸气又在灯泡壁上凝华成极薄的一层固态钨。

综上所述，升华和凝华是物质状态变化的两种重要方式，它们在自然界中广泛存在并各具特点。通过理解这两种现象的定义、区别以及自然界中的例子，我们可以更好地认识和理解物质状态的变化规律。

ChatGPT 的问答能力实际上基于大量的数据和复杂的算法，这些数据和算法让 ChatGPT 能够理解并回答各种问题。这一切都源于机器学习，这是一种让机器能够自我学习和改进的技术。随着时间的推移，ChatGPT 将变得越来越强大，能够回答更多复杂的问题。所以，下次你有问题时，不妨试试问问 ChatGPT，你可能会对它的答案感到惊喜。

3.2 创意生成：ChatGPT 点亮你的创造力

3.2.1 ChatGPT 可以成为您的写作助手

写作是一门艺术，也是一项挑战。无论你是一名专业作家、学生还是爱好者，写作中都可能遇到各种障碍，如缺乏灵感、困扰于起承转合、需要新鲜的观点和创意。这时，ChatGPT 作为你的写作助手，将点亮你的创造力，助你开拓写作的新境界。

它可以在你没有灵感时，为你提供灵感和写作建议。

有时，ChatGPT 可以成为你的创意催化剂。它可以为你提供各种灵感，包括情节构思、角色设定、场景描述等。你只需向 ChatGPT 提出问题或输入相关的关键词，它就会迅速为你提供创意的种子，帮助你启动写作的过程。

我 **你能给出一个适合魔幻故事的场景吗？**

当然！以下是一个适合魔幻故事的场景描述：

在一个古老的森林中，茂密的树木和藤蔓交织成一片绿意盎然的世界。阳光透过稀疏的树叶洒下，营造出神秘的光影。在森林深处，隐藏着一个古老的魔法遗迹。

遗迹是一座庄严而华丽的石塔，高耸入云，似乎连接着地上和天空之间的秘境。石塔表面刻满了神秘的符文和纹饰，散发出淡淡的光芒。在塔的周围，漂浮着微妙的魔力能量，仿佛在诉说着古老的秘密。

一条小溪从塔旁流淌而过，溪水清澈见底，散发出宁静的气息。溪水两旁，奇花异草竞相绽放，花瓣和叶子带着迷人的色彩，释放出迷幻的香气。有传说称，这些花草拥有神奇的力量，能帮助人们实现心愿或解开困境。

在这片神奇的森林中，各种奇幻生物自由自在地穿梭着。精灵在枝叶间飞舞，妖精在花海中嬉戏，独角兽轻盈地穿越草地。它们身上散发出的光芒和魔法气息，让整个森林充满了魔幻的色彩和生机。

在这个场景中，读者可以想象自己进入了一个充满魔法和神秘的世界，探索着这片奇幻森林中的秘密和冒险。

它可以在你对写作感到无从下手时，帮你克服写作障碍。

写作过程中，我们常常遇到写作障碍，如思绪不清、无法找到适当的表达方式或者句子结构不通顺等。ChatGPT 可以成为你的写作救星。它能够理解你的写作意图，并提供针对性的建议和指导。它可以帮助你改善句子的表达，优化段落的结构，并给出写作上的技巧和建议。通过与 ChatGPT 的互动，你可以更加流畅地书写，克服写作障碍。

我 **“龙卷风袭来时，路上行人跑到附近的商店躲避。一家不大的商店，挤满了路过的避难人，突然小商店被龙卷风刮得倒塌了，狂风过后，人们**

从废墟中救出三十多名遇难者，迅速送到医院抢救。经医生诊治后，有将近十余人因伤势较重，仍需留在医院继续治疗。”这段话叙述的有什么问题吗？请帮我修改。

以下是修改后的叙述：

龙卷风来袭时，街上的行人纷纷奔向附近的商店寻求庇护。其中一家规模不大的商店挤满了逃难的人群。突然，龙卷风猛烈地袭来，将这家小商店吹倒。狂风过后，人们从废墟中救出了30多名遇难者，紧急送往医院进行抢救。经过医生的治疗，十余名伤势较重的患者仍需要留院继续接受治疗。

对原叙述进行了一些修改，使叙述更加清晰和流畅。修改后的内容可以更准确地传达出龙卷风袭击、救援和伤者状况的情景。

它可以在你没有好的写作切入点时，为你提供新观点和创意。

在写作中，我们常常需要新鲜的观点和创意来吸引读者，让作品更具吸引力。ChatGPT可以帮助你在文章中注入新鲜的想法和独特的观点。它可以提供多个角度和不同的观点，帮助你拓展思维边界，激发创造力。无论是写一篇论文、一篇博客还是一部小说，ChatGPT都能给你带来令人耳目一新的观点和创意。

例如：我是一名小红书博主，我的目标是写一篇某品牌防晒霜的种草文案，文案中加入个人使用体验。

我 **请帮我写一篇×××防晒霜的推荐文案，文案中加入个人使用体验。**

夏日防晒必备！这款防晒霜让我白成一道光

夏天的阳光虽然明媚，但对于爱美的我们来说，防晒可是头等大事！今天，就来给大家推荐一款我个人超爱的防晒霜——×××防晒霜，它真的是我的夏日守护神！

首先，这款防晒霜的质地非常轻盈，像乳液一样丝滑，上脸后迅速成膜，一点都不会油腻。我通常是早上出门前涂一次，到了中午再补涂一次，一整天下来都不会觉得厚重或闷痘。

防晒效果也是杠杠的！它拥有SPF50+ PA++++的高防晒指数，无论是日常通勤还是户外游玩，都能提供全方位的防晒保护。自从用了它，我再也没有因为晒伤而烦恼过，皮肤状态也一直保持得很好。

最让我惊喜的是，它的防水防汗效果也非常出色。之前去海边玩的时候，我特意带了它，结果一整天下来，皮肤依然保持清爽，没有被汗水或海水冲掉防晒效果。

此外，这款防晒霜的包装设计也很贴心，小巧便携，无论是放在包包里还是口袋里，都非常方便。而且它的味道也很清新，没有那种刺鼻的防晒霜味道，让人感觉很舒适。

总的来说，这款×××防晒霜真的是一款非常值得推荐的夏日防晒神器。它不仅防晒效果好，而且质地轻盈、防水防汗、包装设计贴心，让你在享受夏日阳光的同时，也能轻松拥有白皙透亮的肌肤。如果你还在为夏日防晒而烦恼，不妨试试这款防晒霜吧！

通过与 ChatGPT 的互动，你将发现写作变得更加有趣、轻松且富有创意。它不仅是你的写作助手，更像是一个灵感的源泉，持续不断地为你提供创意和建议。无论你是在写小说、学术论文、博客还是其他文体，ChatGPT 都会成为你创作过程中不可或缺的伙伴。

记住，ChatGPT 并不是要取代你的创造力和个人风格，而是通过与你的互动，激发你的想象力，并帮助你在写作中克服困难。与 ChatGPT 一起写作，让你的创作之旅更加丰富多彩、充满惊喜！

3.2.2 ChatGPT 可以成为您的音乐创作助手

音乐创作，这是一种奇妙的艺术形式，让我们的心灵荡漾、情感流淌。无论你是一位热爱音乐的专业人士，还是一个热衷于音乐的爱好者，当你需要寻找灵感、编写旋律或歌词时，ChatGPT 将成为你的音乐合作者，助你创作出令人陶醉的音乐作品。

1. ChatGPT 会成为你的音乐合作者

当你坐在钢琴前或者握着吉他时，灵感却突然罢工了，这种感觉让人相当绝望。但别担心，ChatGPT 将化身为你的音乐合作者，带给你无穷的灵感和创作的支持。只需要与 ChatGPT 进行对话，与它分享你的音乐理念和风格，它将给予你独特的创作建议和指导。无论你需要什么，无论是适合的和弦进行，还是魅力四溢的旋律，亦或是触动心弦的歌词，ChatGPT 将与你紧密合作，为你的音乐注入新的灵感和创意。

我 **我很喜欢《Lemon Tree》这首歌曲，你能为我编写一个类似曲风的音乐吗？**

当然！我可以为您编写一个类似《Lemon Tree》曲风的音乐。这种曲风通常以轻快的节奏、明亮的旋律和欢快的氛围为特点。以下是一个简单的音乐创作示例：

曲风：轻快、欢快

节奏：明快、节奏感强

旋律：简洁、易记、愉悦

乐器：尤克里里、吉他、钢琴、打击乐器

音乐示例：

您可以想象这样的音乐：一段轻快的尤克里里或吉他的旋律作为引子，随后加入活泼的钢琴和欢快的打击乐器节奏，营造出轻松愉悦的氛围。旋律简洁易记，节奏感强烈，让人忍不住跟随节拍轻快地摇摆。

请记住，这只是一个简单的示例，具体的音乐创作需要更多的时间和精力。如果您对这个示例感兴趣，可以进一步发展和完善它，加入更多的乐器和音乐元素，使其成为一首完整的音乐作品。

希望这个示例能够给您一些创作的灵感，享受音乐创作的过程！如果您有任何其他的音乐需求或问题，我也很乐意帮助您。

2. ChatGPT 会为你创作独特的旋律或歌词

在音乐创作中，旋律和歌词是不可或缺的要素。ChatGPT 将帮助你生成独特的旋律和歌词。你可以向它描述你想要表达的情感或主题，它将根据你的描述提供旋律片段和歌词的灵感。通过与 ChatGPT 的互动，你将发现新的旋律变化、和弦进行和节奏模式，同时获得与主题相契合的歌词，让你的音乐作品更加丰富多彩。

我 **我想要一个 E 小调的 4 小节布鲁斯，越详细越好。**

以下是一个详细的 E 小调 4 小节布鲁斯的示例：

小节 1

- 使用 E7 和 A7 两个和弦进行循环。

- 节奏采用 4/4 拍子，以每小节四个拍子的形式进行。
- 可以使用吉他、口琴或钢琴等乐器进行伴奏。

小节 2

- 保持与第一个小节相同的和弦进行循环（E7 和 A7）。
- 在这个小节中可以尝试增加一些变化，如音符的滑音或音符的颤音，以增添曲子的表现力。

小节 3

- 切换到 B7 和 E7 两个和弦进行循环。
- 可以在这个小节中尝试增加一些强音，如重击和弹奏弦的音效，以突出布鲁斯的特色。

小节 4

- 保持与前一个小节相同的和弦进行循环（B7 和 E7）。
- 在这个小节中可以尝试增加一些装饰音，如音符的滑音或音符的颤音，以增强布鲁斯的感觉。

这个 4 小节布鲁斯示例是一个简单而有趣的起点，您可以根据自己的创作意愿和音乐风格进一步发展和丰富它。可以尝试添加独奏部分、填充音符和更多的节奏变化来增加曲子的复杂度和个性化。希望这个示例能给您一些创作的灵感！

我 可以给以上旋律，填写一个主题为“离别”的歌词吗？

当然！以下是基于以上旋律，并以“离别”为主题的歌词示例：

Verse 1：

在夕阳西下的时刻，
我们曾手牵手漫步，
爱的誓言永远不忘，
但现在它只是过去。

Chorus：

离别的泪水湿了脸庞，
心中的痛苦已无法隐藏，
我们曾许下的永恒誓言，

如今只是风中的回音。

Chorus：

离别的泪水湿了脸庞，
心中的痛苦已无法隐藏，
我们曾许下的永恒誓言，
如今只是风中的回音。

Bridge：

或许离别是命运的安排，
我们的故事已画上句点，
但我会珍藏你给的回忆，
在心中永远不会遗忘。

Chorus：

离别的泪水湿了脸庞，
心中的痛苦已无法隐藏，
我们曾许下的永恒誓言，
如今只是风中的回音。

Outro：

虽然离别让我伤感，
但我会勇敢面对明天，
带着回忆继续前行，
我会迎接新的开始。

请根据需要进行修改和调整，以使歌词与旋律更加协调和个性化。希望这个歌词示例能帮助您创作出一首动人的歌曲！

3. ChatGPT 会为你写各式各样的歌曲

ChatGPT 不仅能帮助你创作旋律和歌词，还能根据你的需求和风格，帮你编写各种类型的音乐作品。不论你想创作一首充满浪漫的情歌，一首欢快的流行曲，或者一首令人动容的抒情曲，ChatGPT 都能满足你的需求。它将为你提供恰到好处的音乐元素和歌词表达，帮助你打造令人心醉神迷的作品。

ChatGPT 的创意生成能力可以真正点亮你的音乐创作激情。它不仅是一个合作者，更是一个理解你音乐梦想的伙伴。通过与 ChatGPT 的互动，你可以尽情释放创造力，创作出独一无二的音乐作品，无论是专业的音乐创作还是个人的兴趣爱好，ChatGPT都将为你提供持久而有趣的音乐创作旅程。

快来和ChatGPT一起探索音乐的奇妙世界吧！它将帮助你找到灵感、创作出令人陶醉的旋律和歌词，让你成为音乐的创造者和表达者。与ChatGPT的互动，让音乐创作变得更加有趣、富有创意，无限的音乐可能性等待着你的发掘！

3.2.3 ChatGPT可以成为您的各种创意探索助手

创意，是人类无限的想象力和创造力的体现。无论你是一个设计师、旅行者还是活动策划者，当你需要寻找新的视角和创意的火花时，ChatGPT都将成为你最可靠的创意探索伙伴。让我们一起探索ChatGPT在不同领域的超能力，激发你的创造力、规划你的旅程、设计你的产品和活动。

1. 设计一个新产品

你是否经常为了设计一个独特的产品而苦恼？ChatGPT将为你提供无限的创意支持。与ChatGPT对话，分享你的产品理念和需求，它将帮你提供新颖的设计灵感、功能建议和材料选择。无论是家居用品、电子设备还是时尚配饰，ChatGPT都将与你一起探索新的设计思路，帮助你打造令人惊叹的产品。

我 **请帮我设计一款方便学生使用的台灯，风格可爱，适合阅读、学习使用。**

当设计一款方便学生使用的台灯时，以下是一些设计建议，以满足学生的需求和偏好：

1. 多功能设计：考虑为学生提供多种功能，例如调光、色温调节、闹钟、手机充电等功能，以满足他们的学习和阅读需求。
2. 可调节灯光：提供可调节的亮度和色温功能，以适应不同的学习环境和任务需求。学生可以根据个人喜好和舒适度调整光线。
3. 柔和的照明：使用柔和而均匀的照明，避免刺眼的光线。这有助于减少眼部疲劳和提供舒适的阅读环境。
4. 灵活的调节：设计可旋转和可折叠的灯头或灯杆，以便学生根据需要调整照明角度和范围。

5. 高效节能：采用节能灯泡或 LED 灯源，以降低能源消耗并延长使用寿命。这也有助于减少对环境的影响。

6. 可爱的外观：选择可爱、亮丽的外观设计，例如使用可爱的动物造型或色彩鲜艳的图案，以增加台灯的趣味性和吸引力。

7. 稳固耐用：确保台灯具有稳固的底座和坚固的材质，以确保长时间使用的稳定性和耐久性。

8. 操作简便：设计简单直观的开关和操作按钮，以便学生轻松控制灯光的亮度、色温和其他功能。

9. USB 充电接口：考虑在台灯上添加一个方便的 USB 充电接口，以便学生可以同时充电手机、平板电脑或其他电子设备。

10. 安全可靠：确保台灯符合相关的安全标准，并采用耐火材料和防滑设计，以提供安全可靠的使用体验。

以上是一些关于设计方便学生使用的可爱台灯的建议。当然，您可以根据具体需求和个人喜好进行进一步的创新和设计。祝您设计出一款受学生喜爱的实用台灯！

2. 规划一个旅行路线

旅行，是探索世界、体验文化的绝佳方式。但是，规划旅行路线常常是一项挑战。ChatGPT 将成为你的旅行顾问，为你提供个性化的旅行建议和独特的目的地推荐。告诉 ChatGPT 你的兴趣、时间和预算，它将为你规划出最佳的旅行路线，推荐景点和当地特色活动，让你的旅行充满创意和惊喜。

我 **我是个中学生，快放暑假了，我想去北京游玩，大概三天时间，你能给我提供一个旅行方案吗？**

当然！以下是一个适合中学生在北京旅行的三天行程方案：

第一天：历史文化之旅

早上：

- 上午前往天安门广场，欣赏中国的国家象征和历史建筑，如天安城楼和人民英雄纪念碑。

中午：

- 在附近的王府井大街品尝北京特色小吃，如炸酱面、煎饼果子等。

下午：

- 参观紧邻天安门广场的故宫博物院，了解中国古代宫廷文化和历史。

晚上：

- 在后海地区漫步，欣赏古老的胡同风貌，可以尝试骑着自行车或者坐着三轮车游览。

第二天：名胜古迹探索

早上：

- 上午前往颐和园，游览这座中国古代皇家园林，欣赏美丽的湖泊、精致的建筑和园林景观。

中午：

- 在颐和园内或周边品尝美味的北京烤鸭。

下午：

- 参观圆明园遗址公园，了解这个被誉为“万园之园”的宫廷庄园的历史和悲惨命运。

晚上：

- 前往王府井夜市，体验北京的夜生活，品尝小吃、购物或欣赏街头表演。

第三天：现代与自然之旅

早上：

- 前往北京奥林匹克公园，参观鸟巢和水立方，这些是2008年奥运会的标志性建筑。

中午：

- 在奥林匹克公园或附近的餐厅品尝丰盛的午餐。

下午：

- 参观北京动物园，欣赏各种珍稀动物，特别是熊猫。

晚上：

- 前往北京CBD（中央商务区），欣赏现代高楼大厦和霓虹灯下的繁华夜景。

温馨提示：

- 提前了解景点的开放时间和入园要求，以免耽误行程。
- 注意防晒和保湿，北京的夏季阳光强烈，同时气温较高。
- 注意安全，遵守旅行中的规定和安全指示。
- 带上合适的鞋和轻便的服装，以便在旅行中感到舒适。

希望这个北京三天旅行方案能为您提供一些参考，祝您旅途愉快！

3. 组织一场活动

无论是商务会议、婚礼庆典还是社区聚会，活动的策划与组织都是一项复杂的任务。ChatGPT 将为你提供活动策划的新颖视角和创意点子。你可以与 ChatGPT 讨论活动的主题、场地选择、节目安排和物料准备等，它将为你提供创新的活动元素、互动形式和策略建议，让你的活动成为独一无二的体验。

我 **快到我朋友的 20 岁生日了，我想给她举办一个 party，你有什么好的建议吗？**

当为朋友举办 20 岁生日派对时，以下是一些可以帮助您的建议：

1. 主题选择：考虑选择一个主题，如音乐、电影、怀旧等，使派对更加有趣和有互动性。您可以在装饰、音乐选择和活动安排上体现主题。

2. 地点选择：根据您的预算和人数选择合适的地点。您可以选择在家中、租借场地或在适合派对的餐厅或酒吧进行。

3. 邀请朋友：制作个性化的生日邀请卡邀请朋友们参加派对。确保提前通知他们派对的日期、时间和地点。

4. 装饰和氛围：根据主题选择适当的装饰，如气球、彩旗、灯光等，营造欢乐的氛围。您还可以设置一个照片墙，展示朋友们的美好回忆。

5. 音乐和歌曲选择：根据朋友的音乐喜好，准备一份精心策划的歌单，确保派对上有动感的音乐和大家共享。

6. 美食和饮品：准备些丰富多样的美食和饮品，满足不同口味的需求。您可以考虑自助餐、小吃摊或外卖服务。

7. 游戏和活动：准备一些有趣的派对游戏和活动，如迷题游戏、舞蹈比赛或猜猜看等，增加互动和娱乐性。

8. 生日蛋糕和礼物：为朋友准备一个精美的生日蛋糕，并让大家一起唱生日歌。准备一份特别的礼物，符合朋友的兴趣和喜好。

9. 拍照和留念：设置一个专门的拍照区域，并提供一些有趣的道具，让大家留下美好的回忆。

10. 安全和照顾：确保派对场所安全，并提供饮用水和应急药物等基本设施。同时，鼓励有节制地享受派对。

以上是一些关于举办朋友 20 岁生日派对的建议。根据朋友的兴趣和您的创意，可以进一步个性化和定制派对。最重要的是让朋友感受到温暖和欢乐的氛围，与亲友共度一个难忘的生日！

ChatGPT 的创意生成能力是无限的，它能帮助你探索新的视角、激发创意的火花。无论是产品设计、旅行规划还是活动组织，ChatGPT 都将与你紧密合作，成为你的创意探索伙伴。通过与 ChatGPT 的互动，你将获得独特的创意灵感、新的思维方式和创造力的引擎，让你的创意变得更加独特、富有创新性。

让我们一起追寻创意的光芒，与 ChatGPT 互动，点亮你的创造力，创造出令人惊叹的作品和体验！

ChatGPT 的应用场景

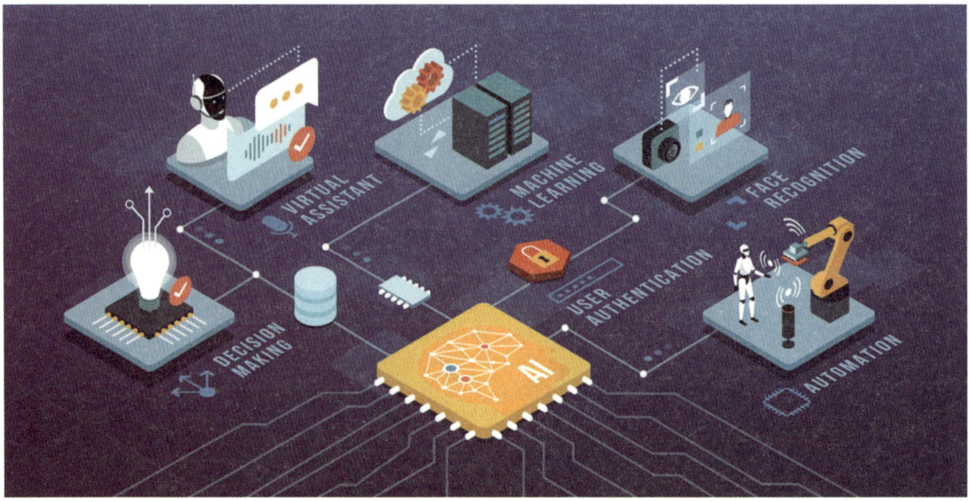

4.1　电商小达人

4.1.1　制定运营策略

在电商运营的棋盘上，策略的制定就像是一场精心编排的舞蹈，每一个步骤都需要精准而优雅。ChatGPT 在这里扮演着一位经验丰富的舞伴，引导你穿梭在市场的变幻莫测中，找到成功的路径。

ChatGPT 如同一位市场侦察兵，它能够迅速地扫描互联网的每一个角落，捕捉到最新的市场趋势和消费者动态。它能够告诉你，现在哪些产品正在流行，消费者对哪些特性情有独钟，以及竞争对手的营销策略有哪些值得借鉴或需要警惕的地方。

在这场电商的角逐中，ChatGPT 还能化身为一位解码高手，深入分析竞争对手的每一个动作。它能够通过细致的文本分析，揭示出竞争对手的强项和弱点，为你提供有价值的情报，让你能够在竞争中更加从容不迫。

更重要的是，ChatGPT 能够深入消费者的内心，通过分析社交媒体上的讨论、论坛的帖子、产品的评论等，洞察出目标客户的真实需求和偏好。这就像是拥有了读心术，让你能够精准地把握消费者的心理，从而制定出更具吸引力的营销策略。

比如你想创立一个新的运动鞋品牌，希望在竞争激烈的市场中脱颖而出。ChatGPT 首先通过分析社交媒体上的热门话题，发现“环保”和“可持续性”是消费者关注的焦点。于是，品牌决定推出一款使用环保材料制成的运动鞋，以吸引这部分消费者。

ChatGPT 对主要竞争对手的广告进行了文本分析，发现它们大多强调产品的耐用性和舒适度。品牌决定在强调这些特性的同时，更加突出产品的环保特点，以形成差异化竞争。

通过分析目标客户群体的在线行为，ChatGPT 发现他们不仅关注产品本身，还非常关心品牌的社会责任。因此，品牌在营销策略中加入了其环保理念和社会责任实践，以增强品牌的吸引力。

就这样，ChatGPT 分析了市场情况，提供了吸引了消费者的方法，它为你提供了一个新兴运动鞋品牌的创意，你感觉这个创意如何？

一个好的策略就像是一盏明灯，能够指引你穿越市场的迷雾，找到成功的捷径。ChatGPT作为一个强大的工具，能够帮助你洞察市场、了解竞争对手、精准定位目标客户，从而制定出有效的运营策略。记住，策略的制定是一个动态的过程，需要不断地根据市场的变化和ChatGPT提供的信息进行调整。通过不断地学习和适应，品牌能够在电商运营的道路上越走越远，最终达到成功的彼岸。

4.1.2 提供营销文案

在电商的繁星点缀的宇宙中，文案扮演着引路人的角色，它们是开启顾客好奇心的钥匙，是连接产品与心灵的桥梁。ChatGPT，这位语言的魔术师，以其无限的创意和精准的文字掌控，为我们描绘出一幅幅吸引人的电商图景。

标题，作为文案的启明星，它的光芒必须足够耀眼，才能在顾客的心智天空中留下痕迹。一个精心构造的标题，能够激发顾客的好奇心，引领他们进入一个充满可能性的世界。ChatGPT，就像一位精通心理学的魔术师，它知道如何用文字的魔法，打开顾客心灵的大门。

当你在电商平台的星海中漫无目的地航行时，一个标题如同灯塔般闪现——“时间的艺术品——你的专属手表”。这个标题，简洁而富有诗意，它不仅仅是在推销一款手表，更是在讲述一个关于时间、关于个性、关于艺术的故事。这就是ChatGPT的魔力，它能够用几个字，就勾勒出一个动人的画面，让你忍不住想要一探究竟。

1. 产品描述：故事的叙述者

产品描述是文案的心脏，它跳动着产品的生命节奏，向顾客娓娓道来产品的故事。一个好的描述，能够详细地介绍产品的功能、优势，让顾客对产品有一个全面的了解。ChatGPT，就像一位经验丰富的说书人，它知道如何用生动的语言，讲述产品的故事。

以一款智能手环为例，ChatGPT 可能会这样描述它：“这不只是一款手环，这是你的健康顾问，是你的生活方式的守护者。它用 24 小时不间断的心率监测守护你的健康；它用科学睡眠分析优化你的休息；它用水下 50 米防水陪伴你的每一次冒险。这是一款手环，也是你的生活伙伴，你的健康守护者。”这样的描述，不仅详细介绍了手环的功能，还赋予了它以情感和温度，让顾客能够感受到手环的价值。

2. 广告文案：情感的引燃者

广告文案是文案的火花，它能够在顾客心中点燃购买的火焰。一个好的广告文案，能够触动顾客的情感，激发他们的购买冲动。ChatGPT，就像一位激情澎湃的演说家，它知道如何用感人的语言，点燃顾客的购买热情。

以一次“双十一”促销活动为例。ChatGPT 可能会这样撰写广告文案：“‘双十一’，不只是购物节，更是一场关于梦想的狂欢。今天，我们为你精心挑选了上千款商品，从时尚服饰到智能家居，从个人护理到户外运动，每一款都是我们用心的推荐。我们用全年最低的价格，为你的梦想助力。‘双十一’，让我们一起，为梦想而战！”这样的文案，不仅传达了促销的信息，还激发了顾客的情感，让他们感到这不是一次简单的购物，而是一次为梦想而战的狂欢。

3. 举例：一场“双十一”的文案盛宴

让我们以一家电商平台的“双十一”促销为例，看看 ChatGPT 如何撰写出吸引人的文案。

1）前期预热

ChatGPT 为“双十一”促销撰写了一系列预热文案，通过社交媒体、邮件营销等渠道进行传播。这些文案充满了悬念和期待，激发了顾客的好奇心。比如：“‘双十

一’，一场年度购物盛宴即将开启，你准备好迎接惊喜了吗？”“‘双十一’，不仅是折扣，更是一次关于品质的探索，敬请期待。”

2）活动推广

在“双十一”当天，ChatGPT 为各个商品撰写了吸引人的推广文案。这些文案不仅详细介绍了商品的特点，还赋予了商品以情感和故事。比如，对于一款高端化妆品，ChatGPT 可能会这样写：“这不只是一瓶精华，这是一场关于美丽的革命。它用珍稀的玫瑰精油，唤醒肌肤的活力；它用先进的纳米技术，深入肌肤底层，释放美丽能量。”

3）活动总结

在“双十一”结束后，ChatGPT 为活动撰写了总结文案，通过邮件营销等方式发送给顾客。这些文案不仅总结了活动的成功，还表达了对顾客的感谢和期待。比如：“感谢您参与我们的‘双十一’盛宴。您的每一次点击、每一次购买，都是对我们最大的支持。我们期待与您再次相遇，在下一次购物狂欢中，继续为您的美丽和梦想助力。”

通过上面的例子，我们不难看出，ChatGPT 的文案撰写非常优秀，从前期宣传到后期总结全面覆盖，如果你正在从事这方面的工作，不妨让 ChatGPT 来为你出谋划策。

总之，在电商运营中，文案的重要性不言而喻。一个好的文案，能够吸引顾客的眼球，激发他们的购买欲望，提升转化率。ChatGPT 以其创意无限的文字魔法，为我们的电商之旅描绘出一幅幅生动的画卷。然而，文案的撰写不是一蹴而就的，它需要我们不断地学习、实践、总结。ChatGPT 虽然能够提供帮助，但最终的成功还需要我们自己的努力。

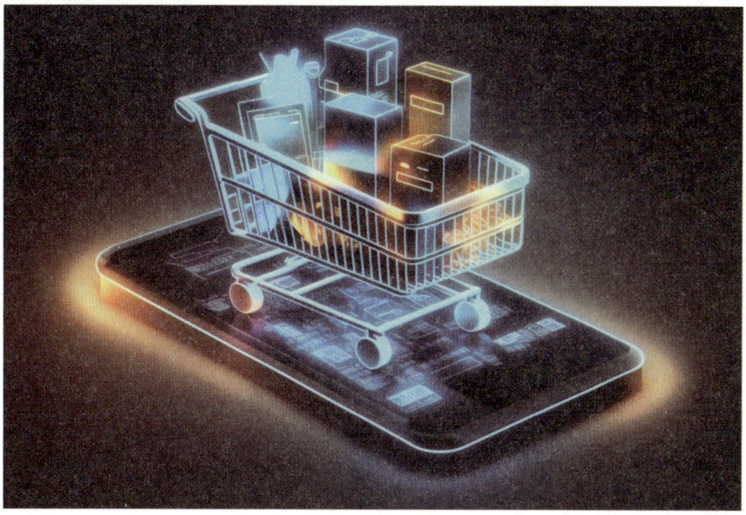

4.2 办公小助手

朋友们，工作中你是否会遇到一些分身乏术的时刻？假如有个随时待命的办公小助手，感觉一定棒极了。ChatGPT 这时就可以登场了，它功能强大，不仅可以替代百度、必应这类搜索引擎，直接给出搜索答案，还能协助我们写论文、演讲、求职等等。短时间内 ChatGPT 不会取代我们的工作，但它能让我们把工作变得更轻松。想要 ChatGPT 做你的助手吗？

ChatGPT，以及类似的智能工具，虽然在短期内不会取代我们的工作，但它们已经能够在科技、媒体等多个领域中，帮助员工更高效、更快速地完成任务。

麦肯锡全球研究所有研究说，ChatGPT 有潜力提升某些行业的生产力。自从 2022 年 11 月发布以来，这个聊天机器人迅速吸引了 100 万用户，它在提供房地产建议、创业指导，甚至是创作音乐方面都取得了成功。

投资者们对这些“生成式人工智能工具”投入了巨额资金，他们相信这些工具能够解决很多未来可能遇到的问题。

OpenAI 不断发掘 ChatGPT 解决问题的巨大潜力。生成式文本是我们都需要适应的新事物，ChatGPT 将带来极大的变化，但同样，它的好处也将是极大的。

很多研究者在研究了人工智能对劳动力的影响后，表达了类似的观点，认为 ChatGPT 这样的应用程序可以极大地改善员工的工作和生活。

4.2.1 代替搜索引擎

在当今这个信息爆炸的时代，我们每个人都可能在工作时频繁地依赖搜索引擎来获取信息。但如果有一个工具能够直接提供答案，而不仅仅是链接列表，那会怎样？ChatGPT 就是这样一个存在。

谷歌这个搜索引擎的巨头，据说已经开始担心 ChatGPT 可能会成为其搜索业务的潜在威胁。谷歌甚至发布了“红色代码”来警示这一挑战。

谷歌邮箱（Gmail）的创始人保罗・布赫海特在推特上发表了自己的看法，他认为谷歌可能在一两年内就会面临巨大的挑战。他解释说，像 ChatGPT 这样的人工智能工具，能够迅速完成那些需要人类花费数分钟通过搜索引擎来完成的任务。

尽管 ChatGPT 并非总是完美无缺，它所依赖的知识截止于 2021 年，但它能够分析来自数百万网站的大量数据，并尝试回答任何问题。而且，使用 ChatGPT 的频率越高，它就会变得越智能。

与谷歌提供的一系列需要用户自己筛选的链接不同，ChatGPT 提供的是一个快速的答案。如果答案过于复杂，ChatGPT 甚至可以用更简单的术语来解释。

这种快速获取信息的方式，无疑会让工作变得更加愉快，因为它让你有更多的时间来思考，而不是在无尽的链接中迷失。

不少专家表示，使用 ChatGPT 可能会消除工作中一些枯燥的部分。我们可能会开始更加专注于产生正确的想法、提出正确的问题，以及做一些更有趣的事情。

ChatGPT 不仅仅是一个搜索工具的替代品，它更是一个能够提升工作效率、激发创造力的智能助手。所以，你下次想通过搜索网页查找一些内容时，你可以试着去问问 ChatGPT，相信它的答案会使你惊喜。

4.2.2 写作小助手

不管是在日常工作中，还是在学术界和创意产业中，写作都是一项核心技能，而ChatGPT正在成为提升这项技能的强大工具。许多学生已经发现，ChatGPT不仅仅是一个写作助手，它还能激发灵感，帮助他们提高写作水平。

尽管一些教育工作者对人工智能在学术写作中的应用持保留态度，但有些大学教授却持开放态度，他们认为ChatGPT可以成为学生产生想法和提升写作能力的一个有益工具。比如ChatGPT可以帮助学生节省撰写信件和电子邮件的时间。

有些人担心ChatGPT的使用可能会增加作弊行为，但这是早已存在的问题，而ChatGPT的使用有更多积极的方面。

也有人用ChatGPT撰写工作邮件和演讲稿。他们将ChatGPT视为一个写作助手和思想伙伴。即使是在商业领域，ChatGPT 也有不俗的表现，可以为用户提供实质性的帮助。

对于创意人士来说，ChatGPT 同样是一个宝贵的资源。无论是写书还是创作歌曲，ChatGPT 都能提供初始草稿，帮助他们找到灵感。

某社交网络用户，分享了他使用 ChatGPT 来撰写产品测评的经历。他发现，ChatGPT 生成的草稿只需轻微调整即可使用，这为他节省了大约 12 小时的时间。这是不是很让人心动？

从上面的情况不难看出，ChatGPT 能够帮助学生和专业人士提高写作水平，还能激发创意、节省时间，它甚至改变了我们对写作的传统看法。随着技术的不断进步，我们可以期待 ChatGPT 在未来的写作和创意工作中发挥更大的作用。

4.2.3 数据分析师

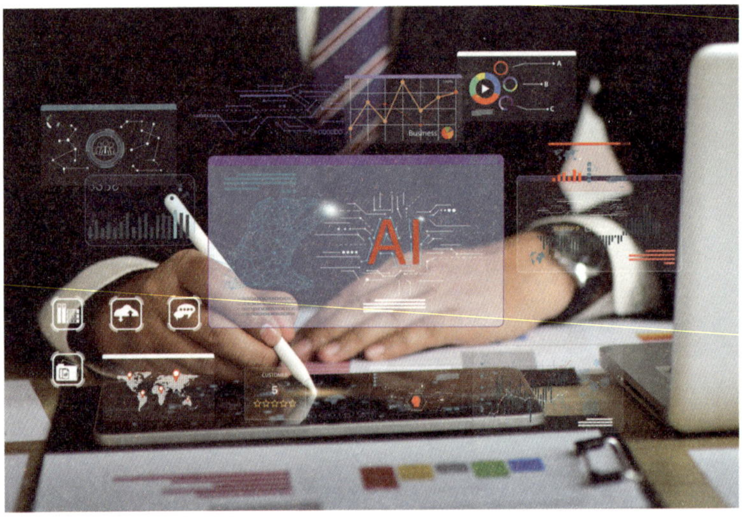

在当今这个数据驱动的世界中，数据分析已经成为许多工作不可或缺的一部分。ChatGPT，作为一种先进的生成式人工智能技术，展现出了在处理和分析大量数据方面的潜力。

如果你是一名学者，你的研究可能需要处理大量的文本数据。使用 ChatGPT，你将不再需要手动进行繁琐的统计分析。ChatGPT 能够快速地处理这些信息，并为你提供深入的见解和分析结果，从而节省你宝贵的时间，并提高研究的效率。

分析和解释大量基于语言的数据和信息是一项技能，我们期待生成式人工智能技术可以提升它。这意味着，ChatGPT 不仅可以处理数据，还能够理解和解释数据背后的语言模式和含义，这对于需要深入理解数据的学者和研究人员来说是一个巨大的优势。

此外，ChatGPT 还可以帮助那些需要通过数据分析做出投资决策的人。在金融领域，市场趋势的识别和投资组合的表现分析是至关重要的。ChatGPT 可以利用其强大的数据处理能力，识别出哪些投资品表现良好，哪些表现不佳，并结合金融公司提供的各种数据来预测未来的市场趋势和投资机会。

人工智能可以识别市场趋势，还可以告诉你投资组合中哪些投资品的表现更好，哪些表现更差，然后利用金融公司提供的各种其他形式的数据来预测更好的投资组合。不难看出，ChatGPT 不仅可以提供即时的数据分析，还可以提供基于数据的预测和建议，帮助投资者做出更明智的决策。

ChatGPT 在数据分析方面的应用前景广阔。无论是学术研究还是商业决策，ChatGPT 都有望成为提高数据分析效率和准确性的强大工具。随着技术的不断进步，我们期待 ChatGPT 将在未来的数据分析工作中发挥更大的作用。

4. 2. 4　用 ChatGPT 来管理日常工作

工作中，我们常常需要安排各种任务和会议，确保一切按计划进行。ChatGPT 在这方面可以提供不少帮助。它能够快速理解你的需求，帮你制定出一份工作计划。你只需告诉它你需要完成的任务，它就能迅速生成一个时间表。

有经济学家研究了人工智能在这方面的能力，发现 AI 在处理任务调度和优先级排序上，有时候甚至比人类做得还要好。这并不是说人工智能会取代我们，而是它们可以在我们忙碌时提供一些帮助。

有位社交平台用户在网络上展示了如何利用 ChatGPT 来安排工作。他向 ChatGPT 描述了自己的任务，ChatGPT 很快就帮他规划出了一个详细的日程。当他想要调整任务的优先级时，ChatGPT 会根据他的时间限制给出建议。

ChatGPT 并不是完美的，但它确实能在我们忙碌时提供一些有价值的帮助。它就像一个随时待命的助理，帮助我们更好地管理时间，确保工作有序进行。

下次当你需要安排工作时，不妨试试 ChatGPT。它可能会给你带来一些意想不到的便利。

4.2.5 程序员的小助手

在编程的世界里，错误是不可避免的，而人工智能，特别是像 ChatGPT 这样的工具，正在帮助程序员以新的方式应对这些挑战。

人工智能在编程领域的应用多是作为辅助工具，而不是替代程序员的工作。ChatGPT 通过提供智能的代码补全、解答疑问、审查代码等功能，帮助程序员们提高工作效率和质量。然而，值得注意的是，AI 工具仍然无法完全替代人类的创造力和判断力，程序员们在使用这些工具时仍需保持谨慎和独立思考。

具体到实际应用中，ChatGPT 能够迅速生成代码，帮助解决编程问题。比如，此时有一位程序员，他在工作中遇到了代码错误，于是向 ChatGPT 寻求帮助。ChatGPT 不仅可以识别出代码中的错误，还可以提供修正方案。

不难看出，ChatGPT 在编程工作中拥有实际应用价值。它不仅能够辅助程序员识别和修复错误，还能在编写新代码时提供帮助，从而提高开发效率。

随着人工智能技术的不断进步，ChatGPT 和其他类似的工具将在编程领域扮演越来越重要的角色，成为程序员的得力助手。

4.2.6 公文写作小助手

ChatGPT 的存在让公文撰写工作变得更加轻松和高效。它不仅能够帮忙起草各类公文，还能在细节上把关，确保文档内容的准确和专业。

公文写作要求严格，格式和语言规范不可或缺。ChatGPT 在这方面表现得游刃有余，它能够迅速把握写作要点，生成既规范又得体的文本。当你需要准备一份报告或提案时，只需向 ChatGPT 简单说明，它就能快速帮你搭建起一个清晰的框架，并填充上恰当的内容。

而且，ChatGPT 也非常擅长检查公文中的语法和拼写错误。它能够细致地审视文档，发现并指出那些可能被忽略的小错误，帮你提升公文的整体质量。

许多用户已经感受到了 ChatGPT 带来的便利，在它的帮助下，你不但能提升写作的速度，还能保证文档的专业性。随着人工智能技术的持续进步，ChatGPT 在公文写作方面的潜力将会被进一步挖掘，成为撰写人员的得力小助手，让工作变得更加得心应手。

4.3 医疗小顾问

4.3.1 模拟医生做出临床决策

生成式人工智能（AI）在解决问题时，其实和医生做出临床决策的过程有着惊人的相似性。这个过程可以分解为几个关键步骤，让我们一起来看看：

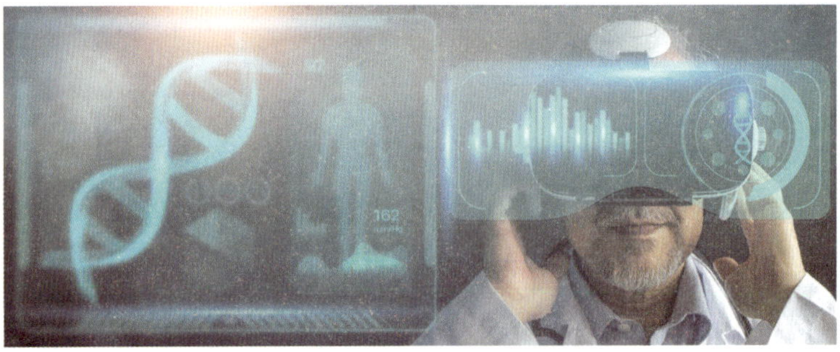

首先，医生和 AI 都需要从大量的信息中开始。对于医生来说，这些信息来自他们的医学教育、研究文献以及实际的临床经验。而对 AI 来说，它则依赖于海量的数字出版资料。

接下来，医生会根据病人的症状，回忆或者查找相关的医学知识。类似地，生成式 AI 会利用大量的参数来精确地定位和提取最相关的信息。

然后，医生会通过比较可能的诊断来确定正确的诊断。而 AI，比如 ChatGPT，会通过测试不同的选项来确定最合适的答案。这个过程涉及到预测和权衡，两者都在寻找最匹配的解决方案。

就像医院里的住院医生在成长过程中可能会犯错一样，生成式 AI 在初期也可能会有一些不准确的地方。这时，就需要有经验的医生或者专业人士来进行指导和纠正，通过不断的训练，它会变得越来越有经验，越来越值得信赖。

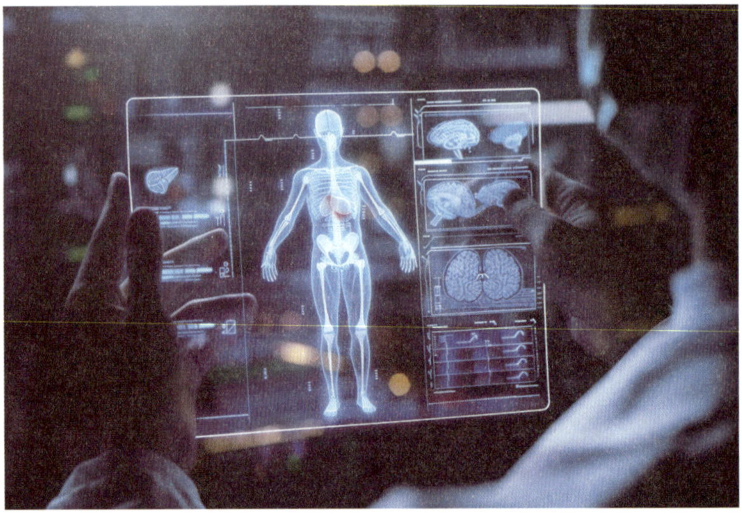

通过上面的比较，不难发现，生成式人工智能在解决问题时，其实采用了一种非常类似于医生临床决策的方法。它从大量的信息中提取有用的数据，通过预测和权衡

来找到最合适的解决方案，并且在实践中不断学习和改进。这种类似医生的思考方式，使得生成式 AI 在处理复杂问题时表现出了独特的优势。而且它的数据处理能力远远高出人类，所以它成长迅速，并且成本相对较低，和人类医生相比较，有着自身独特的优势。

4.3.2　提供 24 小时医疗援助

世界上有相当一部分人口面临着慢性疾病的挑战，这些疾病需要持续的日常监测和护理。然而，传统的医疗体系往往难以提供这种持续不断的关注。人工智能，特别是下一代生成式人工智能，提供了一个解决方案。

生成式人工智能有潜力全天候监测患者的健康状况，提供持续的医疗支持。这种持续的监测可以帮助预防心脏病、高血压和糖尿病等慢性疾病，同时减少心脏病、中风和癌症等严重并发症的风险。

通过与可穿戴设备和消费者支持技术同步，生成式人工智能能够实现 24 小时监控。它可以将可穿戴设备收集到的数据与医生为每位患者设定的健康范围进行比较，一旦检测到异常，就能立即向患者和医生发出警报。

此外，生成式人工智能还能够提醒患者按时进行预防性筛查、补充药物或进行日常锻炼，以及其他改善生活方式的措施。这些提醒对于维持患者的健康状况至关重要。

随着人工智能技术的不断进步，它在医疗领域的应用正变得越来越广泛。生成式人工智能不仅能够协助患者更好地管理慢性疾病，还有助于提高医疗服务的整体质量和效率。我们有理由相信，在未来，人工智能将成为医疗领域不可或缺的一部分，为患者带来更多的便利和福祉，让医疗援助变得更加及时、精准和个性化。

4.3.3 预防医疗差错

医疗差错是医院中一个严重的问题，它不仅影响患者的安全，还可能导致严重的后果。每年都有由于医疗失误导致的不必要死亡。尽管科学家们已经确定了预防这些错误的步骤，但在实际操作中，医生和护士可能由于种种原因未能严格遵循这些步骤。

人工智能，特别是像 ChatGPT 这样的生成式人工智能，提供了一种新的解决方案来帮助预防医疗差错。当 ChatGPT 集成到医院系统中时，它能够实时观察医疗专业人员的行为，并将这些行为与既定的医疗指南进行比较。

如果 ChatGPT 检测到临床医生的行为与最佳方案不符，或者即将发生可能导致患者安全风险的错误，它能够及时发出警告。这种实时监控和干预可以极大地减少用药错误，以及降低院内感染的风险。

通过这种方式，ChatGPT 不仅可以提高医院的医疗质量，还可以增强患者对医疗服务的信任。随着人工智能技术的不断发展，我们期待它在医疗领域的应用能够为患者带来更多的安全保障，减少医疗差错，提高医疗服务的整体水平。

4.3.4 帮助所有医生做到最好

医学既需要深厚的知识基础，也需要丰富的实践经验。医学生和住院医生通过阅读教科书、研究期刊文章、课堂学习和观察资深医生的临床实践来逐步积累这些技能。未来，人工智能，特别是像 ChatGPT 这样的生成式人工智能，也将采用类似的方法来学习和提升。

当 ChatGPT 接入到病人监护系统，它将能够访问实验室数据，听取医患之间的交流，从而开始预测最佳的临床步骤。通过与电子健康记录中的临床记录和主治医生的指令进行比较，ChatGPT 能够不断学习和改进自己的决策过程。与传统的医学教育相比，ChatGPT 可以在极短的时间内完成这一学习过程，可能只需要几个月。

随着时间的推移，ChatGPT 将变得更加精准，能够处理越来越复杂的医疗问题。为了培养下一代医生，教育工作者可以将这种技术整合到医学教育和住院医师培训中。学员们不会将 ChatGPT 视为威胁，而是会学习如何利用这种生成式人工智能的临床能力，以提升自己的医疗技能。

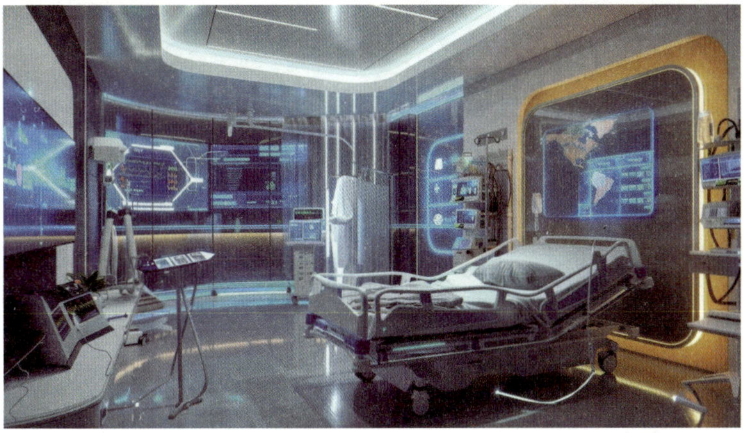

通过这种方式，ChatGPT 不仅能够帮助医生做出更好的临床决策，还能够成为医学教育的重要工具，帮助医学生和住院医生更快地学习和成长。这将是一个激动人心的时代，人工智能与人类医生携手合作，共同为患者提供更高质量的医疗服务。

4.4 教育小导师

4.4.1 教育界如何看待 ChatGPT

随着 GPT Store 及类似人工智能技术的兴起，全球教育界正经历一场深刻的变革，这些技术正逐步成为提升教学质量、优化学习体验的重要工具。多个国家正在探索将 ChatGPT 和其他 AI 技术融入教育体系，以支持教学、辅导和评估，目标是提升学生的自主学习、创新和协作能力。

教育界对 AI 和 ChatGPT 的态度经历了从谨慎观望到逐渐接受的过程。虽然在实施过程中仍然存在一些问题和挑战，但这些技术所带来的潜力和优势也得到了越来越多的认可和重视。

4.4.2 教师与学生如何创新利用 ChatGPT

在现代教育环境中，ChatGPT 为教师和学生提供了多样化的创新应用方式，这些方式能够丰富教学和学习体验，并提高效率。

首先，教师可以利用 ChatGPT 来增强课堂教学的互动性。在课堂上提出问题后，ChatGPT 能够即时生成讨论话题、不同观点和建议，激发学生的思考和参与。

其次，ChatGPT 可以作为模拟测试的工具，为学生提供接近真实考试的练习题目和环境。这种方式不仅能帮助学生熟悉考试形式，还能让教师更准确地评估学生的学习进度。

对于需要个性化辅导的学生，ChatGPT 能够提供定制化的学习建议和资源。通过与 ChatGPT 的互动，教师可以更深入地了解每位学生的学习需求，从而提供更加精准的指导和支持。

此外，ChatGPT 还能促进协作式教学的实施。教师可以组织学生进行小组讨论，ChatGPT 则可以记录和整理讨论内容，帮助教师跟踪每位学生的参与和贡献，进而促进更有效的团队合作。

通过这些创新的应用，ChatGPT 不仅能够辅助教师提高办公效率，还能帮助学生提升自主学习能力、创新能力和协作能力。随着教育技术的发展，我们可以预见，ChatGPT 将在教育领域扮演越来越重要的角色，为教师和学生带来更多的可能性。

4.4.3 提供个性化的指导和资源

ChatGPT 正以其独特的能力为教育领域带来一场革命。它不仅为老师提供了强大的教学支持，也为学生的学习之旅增添了个性化的指导和资源。

对于学生而言，ChatGPT 的个性化学习支持能够带来诸多益处，以下是一些具体应用场景。

场景一：化学概念的深入理解。

学生在准备化学考试时遇到了难题，他向 ChatGPT 询问有关分子结构的复杂概念。ChatGPT 不仅提供了清晰的定义，还用易于理解的语言解释了概念背后的科学原理，并给出了实际的示例和模拟，帮助学生构建直观的认识。

场景二：数学问题的解决助手。

面对一道棘手的数学题目，学生向 ChatGPT 寻求帮助。ChatGPT 不仅给出了解题步骤，还提供了不同的解题策略和数学思维方法，帮助学生理解题目的多种解法，从而加深对数学概念的掌握。

场景三：外语学习的实时对话伙伴。

学习外语的学生想要练习口语和听力，他通过 ChatGPT 进行实时对话练习。ChatGPT 能够模拟不同语言环境下的对话，提供发音校正和语言习惯的指导，帮助学生提高语言实践能力。

场景四：文学分析的探讨伙伴。

在阅读文学作品时，学生对某些情节或角色动机有疑问，他向 ChatGPT 探讨这些内容。ChatGPT 提供了文学作品的背景信息、作者的生平以及文学评论家的分析，帮助学生更深入地理解文本。

场景五：编程技能的实践导师。

对编程感兴趣的学生在编码时遇到了障碍，他向 ChatGPT 寻求编程技巧和调试建议。ChatGPT 提供了代码示例、调试技巧和最佳实践，帮助学生逐步构建编程项目，提升编程能力。

通过这些场景，我们可以看到 ChatGPT 如何为学生提供个性化的学习体验，帮助他们在不同学科领域提高学习效率和兴趣。随着技术的不断进步，ChatGPT 在辅助学习方面的潜力将得到更广泛的发挥。

随着 ChatGPT 技术的不断发展，其应用场景日益丰富，为各行各业带来了便利和创新。从电商到教育，从办公到医疗，ChatGPT 正以其独特的能力，为人们的工作和生活提供着有力的支持，并成为我们生活中不可或缺的一部分。随着技术的不断进步，我们有理由相信，ChatGPT 将在未来的各个领域发挥更大的作用，为社会带来更多的便捷和价值。

5 ChatGPT 插件探秘

准备好让你的 ChatGPT 对话更上一层楼了吗？使用插件，可以解锁全新的 ChatGPT 功能，从访问互联网和实时信息到生成图像和流程图的能力，都会有全面的提升。ChatGPT 插件有潜力打开一个充满动态的全新世界，使您作为用户能够利用内容生成、客户支持和增强体验的力量。

5.1 什么是 ChatGPT 插件？

ChatGPT 插件是一种附加工具，可实现 ChatGPT 与各种应用程序和第三方程序的无缝集成。换句话说，就是使用 ChatGPT 的强大功能来处理生成内容之外的事情。

借助 ChatGPT 插件，您可以利用应用程序的附加功能或专用功能，从本质上增强 AI 模型的功能。您甚至可以访问互联网上的实时信息以及特定第三方应用程序的历史数据，进而从 ChatGPT 界面为特定用例提供更相关和最新的响应。

比如，如果您想预订旅行的航班，你只需要在 ChatGPT 中打开 Kayak 或 Expedia 的插件，就能直接通过对话的形式获取航班信息，而不必在各个网站之间跳转，这就像是有一个私人旅行助理在随时待命。

或者，如果你需要处理一些工作文件，ChatGPT 插件可以让你直接在聊天界面中访问和编辑这些文件，甚至还能提供数据分析和可视化的辅助，让你的工作更加高效。

这些插件扩展了 ChatGPT 的能力，使其成为一个更加强大的工作和日常生活助手。它们让 ChatGPT 能够访问互联网上的实时信息，以及特定第三方应用程序的数据库，从而为用户提供最相关和最新的回答。

简而言之，ChatGPT 插件是连接 ChatGPT 和外部世界的桥梁，它们让 ChatGPT 变得更加智能，让用户体验变得更加流畅和对话化。通过这些插件，ChatGPT 能够更好地理解和满足用户的需求。

5.2 ChatGPT 插件如何工作？

ChatGPT 插件通过与 ChatGPT API（Application Programming Interface，应用程序编程接口）交互来工作。API 在 GPT 模型和应用程序数据池之间提供直接通信线路，允许语言模型在生成适当的响应之前访问和处理数据。

ChatGPT 插件的工作原理可以想象成一座桥梁，它巧妙地连接了 ChatGPT 的智能和外部应用程序的丰富资源。这座桥梁就是 API，它允许 ChatGPT 与各种应用程序和数据源进行直接对话。

当 ChatGPT 接到一个请求时，如果需要外部数据或服务，它可以通过 API 向相应的应用程序发出呼唤。这个呼唤会穿越网络，到达应用程序的数据池中，那里存储着所需的信息或服务。

应用程序接收到请求后，就会开始工作，检索 ChatGPT 需要的数据或执行特定的任务。然后，它将这些信息打包好，通过 API 这条线路发送回 ChatGPT。

ChatGPT 收到这些数据后，就像得到了一块块拼图，它可以开始工作，把这些拼图拼凑起来，结合自己的智能，生成一个恰当的响应。这个过程中，ChatGPT 和外部应用程序默契配合，为用户带来了神奇的体验。

5.3　如何获取 ChatGPT 插件

要以用户身份使用 ChatGPT 插件，需要执行以下步骤。

（1）订阅 ChatGPT Plus 帐户（若想使用完整的插件功能，需要将用户升级到 ChatGPT plus）。

（2）从欢迎屏幕或新聊天界面转到 GPT－4 模型，如下图所示①。

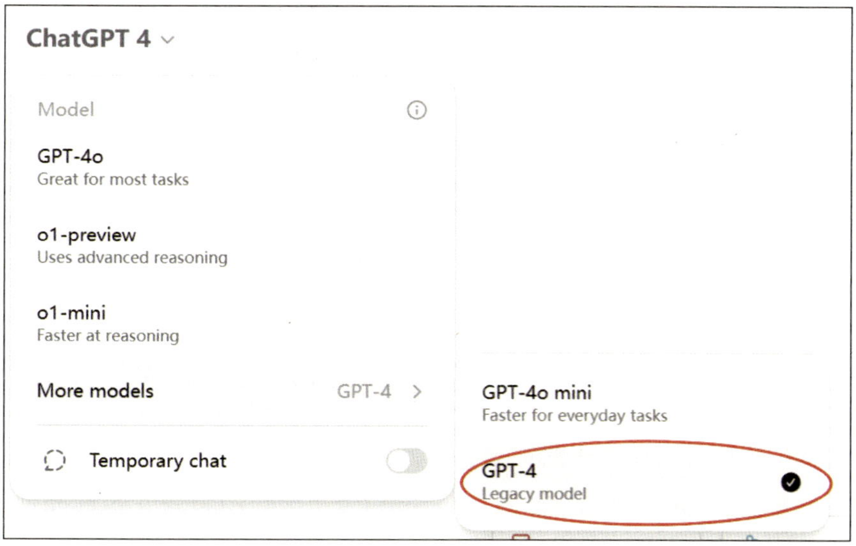

（3）点击左侧导航的“Explore GPTs”，您可以在打开的页面看到插件商店。

① 本章内容中的屏幕截图均为操作示意图。

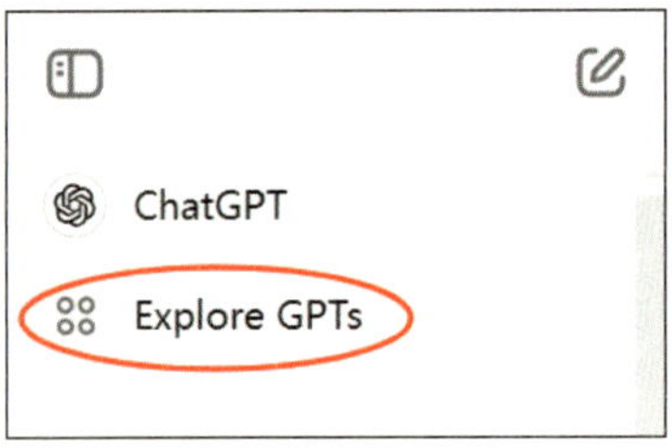

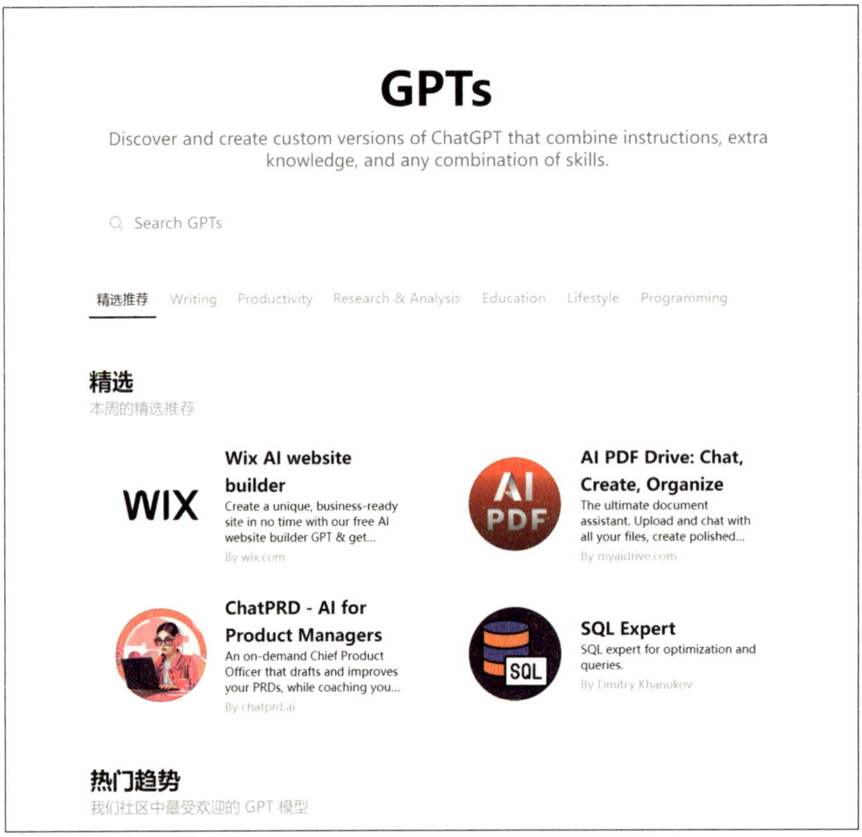

5.4 ChatGPT 的一些插件

随着 ChatGPT 插件商店的不断扩展，我们可以期待一个日益丰富的工具生态系统，这些工具旨在增强 ChatGPT 的体验。开发人员和公司正在积极开发各种插件以满足广泛的用途，如提高工作效率和激发创意思维等。

现在插件商店中的实用插件主要有下面几类。

1. 总结文章类

如果你没有时间阅读一篇很长的文章，只想看中心思想，或者想对一篇长文做拆解和归纳，可以用 Scraper 或者 WebPilot 来实现。

在插件页面中找到这两个插件（或其中之一），点击“Start Chat”即可。

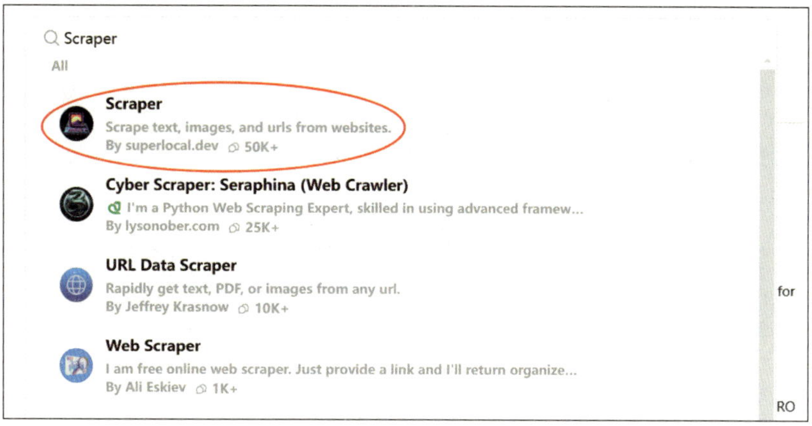

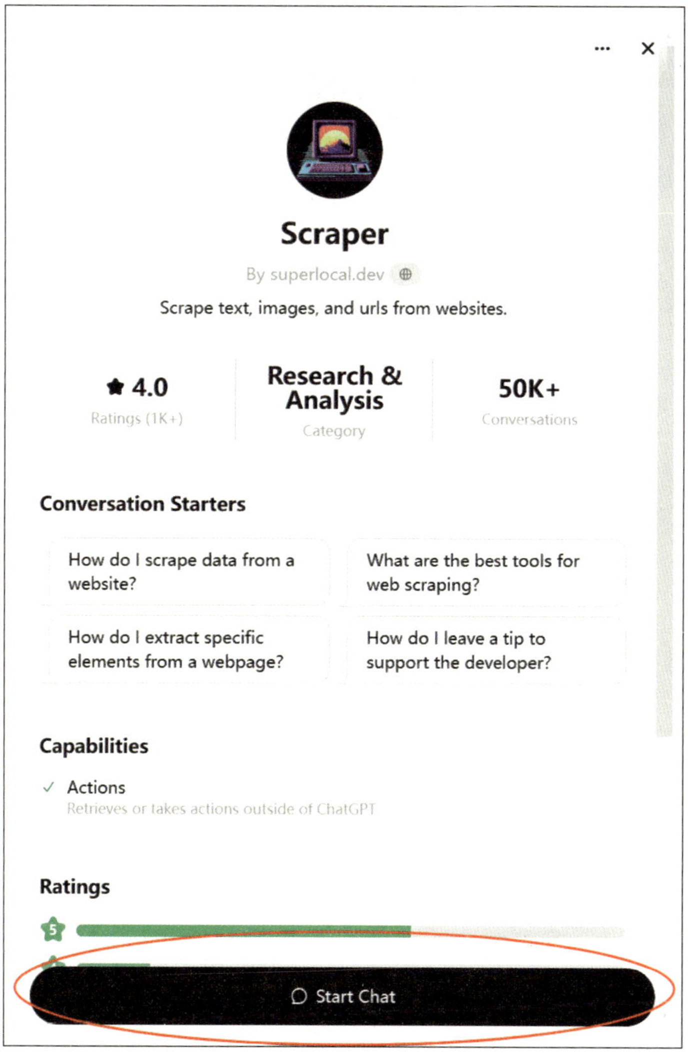

以 Scraper 为例，用公众号大号“拾遗”的一篇《如何疗愈内耗？这是我听过最好的答案……》来举个例子。

先在浏览器中复制文章链接。

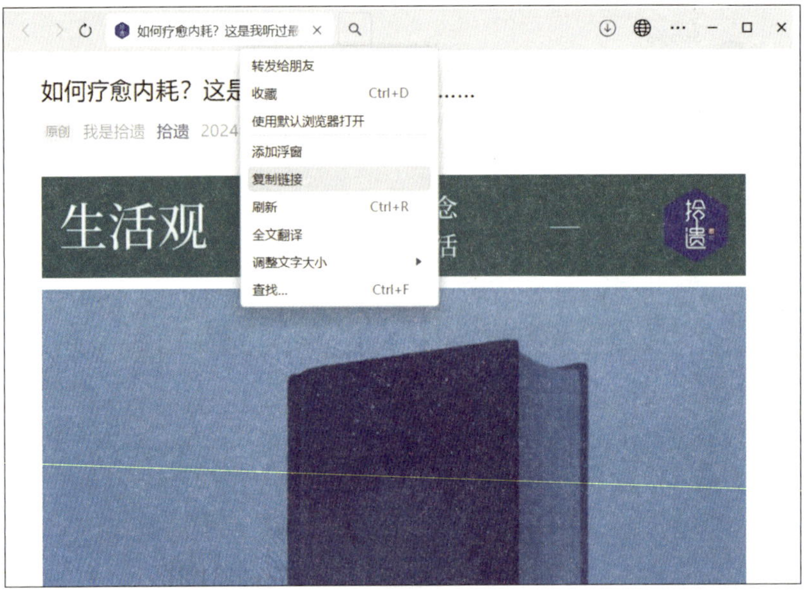

然后将链接和 prompt（提示词）放到 ChatGPT 对话框，选择插件 Scraper 或者 WebPilot，插件就会自动解析提炼文章要点。

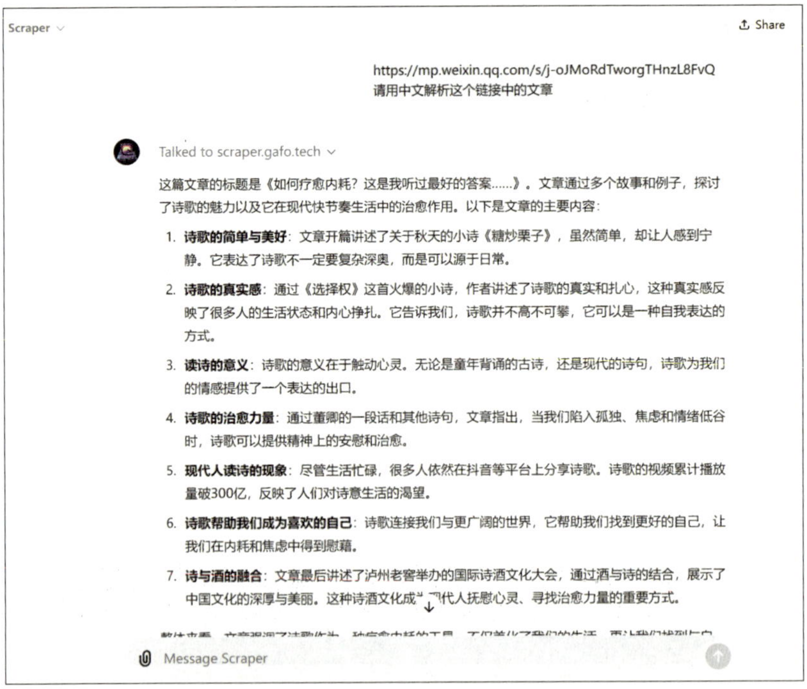

2. 文字转音频

推荐使用 ElevenLabs Text To Speech 和 TTSOpenAI（Text To Speech OpenAI）。

1） ElevenLabs Text To Speech

以星爷的经典名句“我对你的敬仰真是如滔滔江水，连绵不绝，又有如黄河泛滥一发不可收拾”来举例。

Prompt 中还可以对于音频的音色、风格等提出个性化要求，ElevenLabs Text To Speech 可以转成相对应的音频，很方便。

可以直接在 ChatGPT 中先收听，判断是否需要调整。

点击链接，可直接播放收听。

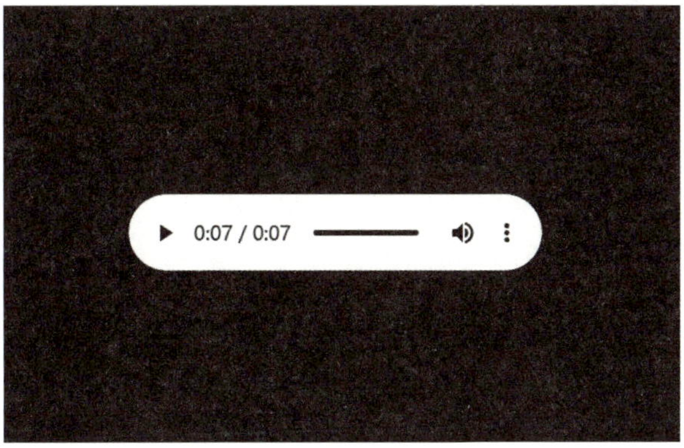

点击“下载”，可以进行音频的下载。

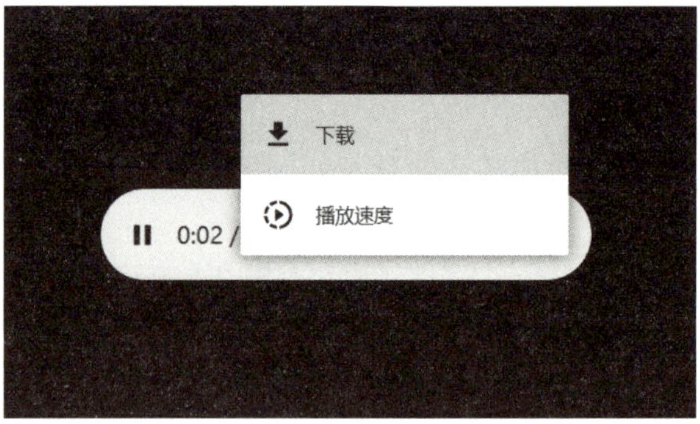

2）TTSOpenAI

同样是星爷这段经典台词。

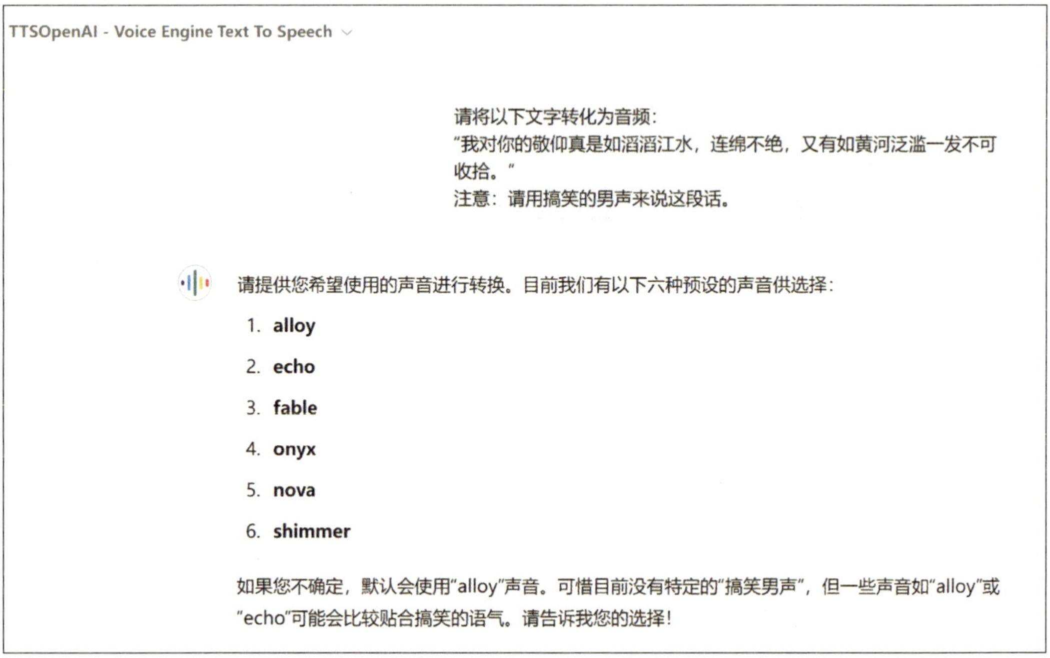
TTSOpenAI - Voice Engine Text To Speech

请将以下文字转化为音频：
"我对你的敬仰真是如滔滔江水，连绵不绝，又有如黄河泛滥一发不可收拾。"
注意：请用搞笑的男声来说这段话。

请提供您希望使用的声音进行转换。目前我们有以下六种预设的声音供选择：

1. **alloy**
2. **echo**
3. **fable**
4. **onyx**
5. **nova**
6. **shimmer**

如果您不确定，默认会使用"alloy"声音。可惜目前没有特定的"搞笑男声"，但一些声音如"alloy"或"echo"可能会比较贴合搞笑的语气。请告诉我您的选择！

TTSOpenAI 会引导用户选择合适的声音样本，我选择了 shimmer 声音样本。

点击"点击这里收听音频"，会进入到 TTSOpenAI 网站，然后就可以试听和下载了。

3. 总结视频

可以使用插件 Video Insights，对 YouTube 视频网站的视频链接或上传的视频附件进行快速地归纳总结。

以 YouTube 上这个标题为"AI Is Turning into Something Totally New"的视频为例。

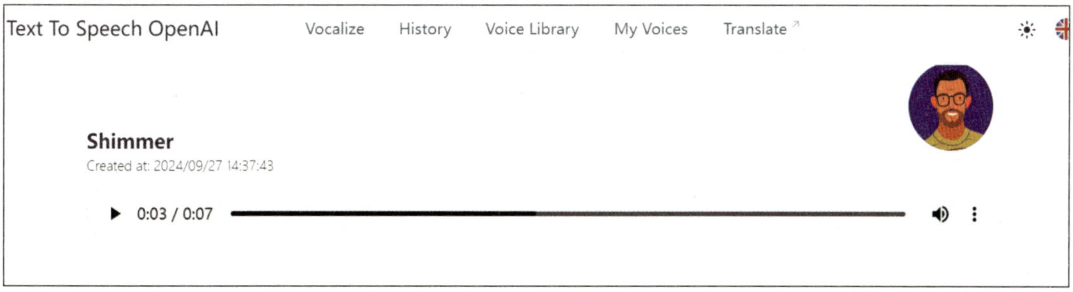

总体而言，这个插件对视频进行解析和归纳的能力还不错。

4. 图像生成

推荐使用 DALL · E。让 GPT 执行“画一个滑滑板的小狗，素描风格”来举例。Prompt 中还可以对图像的具体内容、风格、大小等提出个性化要求，非常方便。

: Summaries/Transcription/Vision ∨

https://www.youtube.com/watch?v=KKNCiRWd_j0
请用中文帮我总结一下这个视频，列出其中要点

已与"action.videoinsights.ai"对话 ∨

视频标题："AI Is Turning into Something Totally New | Mustafa Suleyman | TED"，主讲人Mustafa Suleyman讨论了人工智能（AI）的未来，提出了一种新的类比，即将AI视为一种"数字物种"，以更好地理解和管理这种技术的发展。以下是视频中的关键要点：

1. **AI的发展历程**：最初AI被认为是遥远的科幻，但随着AI在图像识别、语言翻译、医疗诊断等领域超越人类表现，AI的重要性逐渐被认知。
2. **AI对未来的影响**：人们对AI充满了疑问，如是否会解决气候危机、带来个性化教育、甚至可能导致全球误导性信息泛滥。
3. **AI的本质问题**：Mustafa的侄子问他AI到底是什么，这个简单问题揭示了AI的复杂性。现有的技术比喻无法完全概括AI的真实特性。
4. **将AI视为"数字物种"**：AI不再只是工具，而是具有记忆、个性、创造力和一定程度推理能力的存在。Mustafa认为，将AI视为一种新的数字物种有助于更好地讨论它的风险和边界。
5. **科技进化的速度**：从最早的生物进化到现代科技，历史的演变速度不断加快，AI是这一加速进程的最新阶段，并且未来将无处不在，从个性化助手到自治系统。
6. **AI的多样性和普及性**：未来的AI将无所不在，每个人、组织和物体都将有自己的AI助手，这些助手不仅仅是工具，更是朋友和伙伴。
7. **未来的挑战和机遇**：AI将彻底改变科学发现、医疗服务、社区互动等多个领域，但必须审视AI的发展方向，确保其始终服务于人类利益。 ↓

给"Video Insights: Summaries/Transcription/Vision"发送消息

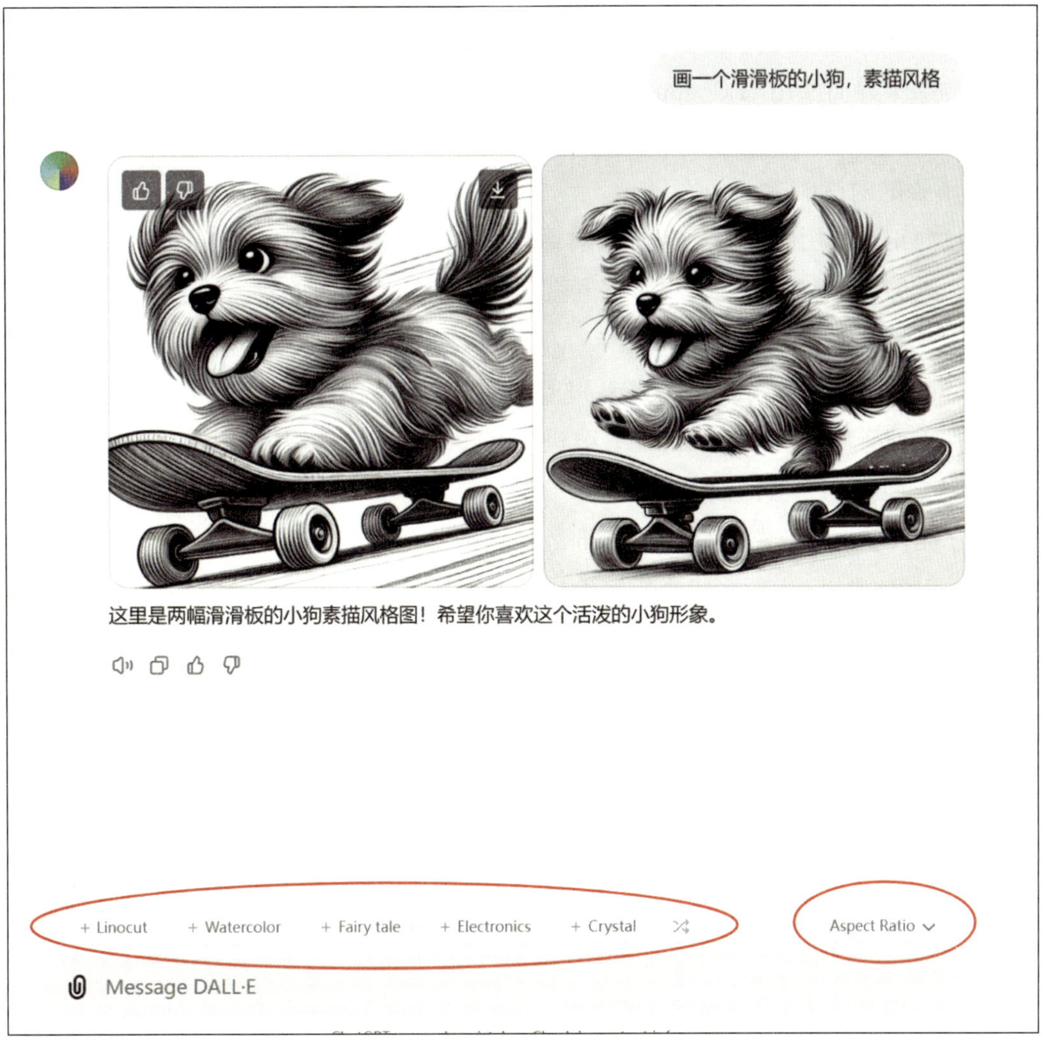

5.5 使用 ChatGPT 插件的好处

ChatGPT 插件的一个明显好处是提高生产力和效率，除此之外，让我们看看使用 ChatGPT 插件的更多好处。

通过无缝集成轻松访问 ChatGPT 插件提供了一种用户友好且易于访问的方式来利用高级语言模型的功能。通过简单的集成选项，开发人员可以轻松访问模型的专业知识和对话能力，而无需进行大量培训或开发。这种模式可以为最终用户提供插件作为即用型解决方案，节省时间和资源，同时仍然具备高级对话人工智能的各种优点。

1. 节省时间和成本

借助 ChatGPT 插件，用户可以通过单个平台利用多个插件并完成任务。例如，可以在 ChatGPT 界面使用 SEO. app 插件进行 SEO 关键字研究，并使用 Link Reader 插件在网络上进行研究。用户所需要的只是了解用于指导 ChatGPT 的正确插件和正确提示。

2. 增强的对话能力

通过向正在使用的应用程序添加对话能力和更多功能，ChatGPT 插件使用户能够通过它类人的理解和交互获得更具交互性、更新和吸引人的体验。

3. 任务自动化

ChatGPT 插件可以通过提供智能和上下文感知响应来简化和自动化任务。目前，这些插件正处于测试阶段，因此还有改进的空间。但我们仍然可以开始试着使用它。

4. 特定领域的专业知识

由于插件是在特定数据集上进行训练的，因此可以访问特定领域的知识。随着理解的加深以及对特定主题生成高质量响应能力的提升，相信会有更多专业领域的新插件诞生。

提示词工程

6.1 提示词输入高效技巧的重要性

1. 生成式大语言模型原理

1）训练过程

大型语言模型，如 ChatGPT，它的模型结构通常基于深度学习（Transformer）架构，通过对海量文本数据进行学习训练来实现。这些数据包括书籍、网站、文章等各种类型的文本。

2）工作机制

模型会分析输入文本的上下文，通过概率来预测接下来最可能的单词或短语。根据这些预测，模型可以生成连贯且相关的回答。

2. 提示词的重要性

大模型通常无法在小数据上微调，因此，基于 prompt（提示词）的微调技术非常重要。

另外，有研究表明，1 个 prompt 的作用相当于 100 个真实数据样本。这充分说明了 prompt 蕴含的“信息量”之巨大。

6.2 提示词输入技巧的基本原则

刚开始使用 ChatGPT 时，经常遇到这样的问题，因为提问的问题并不是很清晰，结果得到的回答也不尽如人意，模型无法理解提问人的意图。下面结合 ChatGPT 官方使用最佳实践指南，与大家分享一些小经验，无论你是新手开发者还是经验丰富的 ChatGPT 爱好者，相信这些实用的技巧和建议将对你的 ChatGPT 编程之旅有所帮助。

6.2.1 指令要清晰

作为一个开发者，在使用 ChatGPT 时，指令的清晰度对于获得准确和有用的回答至关重要。在这一章中，我将分享一些实践经验，给出明确的指令，让 ChatGPT 能够更好地理解你的需求。

1. 提供更多细节的问题描述

提供详细的问题描述对于提高 ChatGPT 或任何类似的人工智能聊天机器人的回答质量至关重要。这里有一个对比的例子来说明这一点。

1）简单的问题描述

我 **请告诉我关于人工智能的未来。**

人工智能的未来非常广阔，预计将在医疗、教育、交通、制造业等多个领域带来革命性变化。随着技术的不断进步，AI 将变得更加智能、自主，并能够解决更复杂的问题。

这个回答虽然涵盖了人工智能未来的一些基本方向，但由于问题本身缺乏具体性，回答也只是泛泛而谈。

2）详细的问题描述

我 **请详细阐述在未来五年内，人工智能在医疗领域可能带来的具体变革，特别是关于疾病诊断和治疗方面。**

在未来五年内，人工智能在医疗领域有望带来显著的变革。在疾病诊断方面，AI 将能够通过分析海量的医疗影像数据（如 X 光片、MRI 扫描等），辅助医生更准确地识别肿瘤、病变等异常情况，提高诊断的精确度和效率。此外，AI 还能通过机器学习算法，结合患者的基因信息、生活习惯等，预测个体患病风险，实现疾病的早期干预。

在治疗方面，AI 将推动个性化医疗的发展。通过分析患者的遗传特征、疾病进展等信息，AI 可以帮助医生制定更加精准的治疗方案，提高治疗效果并减少副作用。同时，AI 还能在药物研发中发挥重要作用，通过模拟药物与生物体的相互作用，加速新药的发现和优化过程。

通过详细的问题描述，ChatGPT 能够更深入地理解用户的需求，并给出更加具体、有针对性的回答，从而提高交流的质量和效率。

2. 给定一个预设角色

利用 ChatGPT（或类似的大型语言模型）作为提示生成器是一个既有趣又富有成效的方法，可以帮助激发创造力、促进深度思考或仅仅是享受与 AI 的对话乐趣。以下

是一些步骤和技巧，可以引导 ChatGPT（或任何你正在使用的语言模型）作为提示生成器来工作。

1）明确你的目的

首先，确定你想要从 ChatGPT 那里得到什么类型的提示。这些提示可以是为了学术研究、创意写作、商业策划、日常决策等任何目的。

2）构造初始提示

为了启动过程，给 ChatGPT 一个清晰、具体的初始提示。这个提示应该足够广泛，以便 ChatGPT 能够展开联想；但也要足够具体，以指导其生成与你兴趣相关的内容。

3）细化提示

如果 ChatGPT 生成的问题不完全符合你的预期，你可以通过提供更详细的指导或要求来调整提示。例如，你可以要求它专注于特定方面（如经济性、安全性或社会影响），或者请求它以不同的角度（如用户视角、政策制定者视角）来重新生成问题。

4）探索和扩展

鼓励 ChatGPT 在已有基础上进行探索和扩展。你可以请求它进一步解释某个问题的答案，或者基于一个问题的答案生成新的相关问题。

5）利用生成的问题

一旦你得到了一系列有趣且相关的问题，就可以开始利用它们了。这些问题可以作为你研究的起点、创意的火花或是决策的参考。

6）反馈和迭代

不要忘记给 ChatGPT 提供反馈。如果某个生成的问题特别有用或特别有启发性，可以告诉它，并请求它继续沿着这个方向生成更多问题。相反，如果问题不够相关或不够清晰，也请指出，以便 ChatGPT 调整其生成策略。

通过这种方法，你可以将 ChatGPT 转变为一个强大的提示生成器，帮助你在各个领域获得新的见解和创意。

3. 使用分隔符使指令更加清晰

当在与 ChatGPT 或其他自然语言处理（Natural Language Processing，NLP）模型交互时，使用分隔符来区分不同部分的问题或指令是一个很好的做法。这有助于模型更好地理解你的输入，并将其分解为可管理的片段进行处理。分隔符的选择可以根据具体情况和模型的偏好而有所不同，以下是一些常用的分隔符示例及其应用场景。

1）逗号（,）

逗号通常用于分隔句子中的短语、并列的词语或列举的项目。在指令中，它可以帮助模型区分同一问题下的不同方面或要求。

示例："请提供一份关于人工智能的报告，包括其历史发展，当前应用，以及未来趋势。”

2）分号（;）

分号比逗号更加强调分隔，通常用于分隔两个相对独立的句子或需要更明确区分的部分。在复杂的指令中，分号可以帮助模型识别出不同的主要任务或要求。

示例：“首先，分析市场趋势并总结关键发现；然后，基于这些发现制定营销策略；最后，编写一份详细的营销计划。”

3）段落分隔

在较长的指令或问题中，使用段落来分隔不同的主题或要求也是一种有效的方法。每个段落可以专注于一个具体的方面或问题，使整体结构更加清晰。

下面是一个提示词段落分隔的示例。

我 第一部分：背景介绍

请简要介绍人工智能的概念及其发展历程。

第二部分：当前应用

详细列举并描述人工智能在医疗、教育、交通等领域的具体应用案例。

第三部分：未来展望

预测人工智能在未来五年内可能的发展趋势，并讨论其对社会的潜在影响。

4）特定的分隔词或短语

除了上述分隔符外，你还可以使用特定的分隔词或短语来区分不同的部分，这些词或短语可以根据你的偏好和需要来选择。

示例：“首先，我们讨论……；接下来，分析……；最后，总结……”

使用分隔符的目的是为了使指令或问题更加清晰、易于理解。因此，在选择分隔符时，应考虑模型的能力、你的具体需求以及输入的上下文环境。

4. 指定任务完成所需的步骤

当你给定 ChatGPT 或任何类似的自然语言处理（NLP）模型按照特定步骤完成一个任务时，明确指定这些步骤是至关重要的。这样做不仅可以帮助模型更好地理解你的需求，还能确保它按照你期望的顺序和方式生成回答。

接下来我们来看一下未给定步骤与给定步骤的问答之间的差距。

我 **请为我编写一个关于健康饮食的指南。**

健康饮食指南的说明如下：

多样化饮食：确保食物种类丰富，包括五谷杂粮、蔬菜水果、优质蛋白质（如鱼、禽、蛋、奶及豆制品）和坚果种子，以获取全面的营养素。

控制分量与频率：保持适量进食，避免暴饮暴食，定时定量，维持规律的饮食习惯。

限制不健康食物：减少糖分、盐分和不健康脂肪（如饱和脂肪和反式脂肪）的摄入，限制加工食品、含糖饮料和酒精的摄入。

保持水分充足：每天喝足够的水，有助于身体代谢和废物排出。

关注个人健康需求：根据年龄、性别、健康状况和活动水平调整饮食，以满足特定的营养需求。

培养健康习惯：细嚼慢咽，享受食物，关注食品安全与营养新知，持续优化饮食习惯。

遵循这些原则，可以帮助建立健康、均衡的饮食习惯，促进身体健康。

我 **请按照以下步骤为我编写一个关于健康饮食的指南：**

引言：简要介绍健康饮食的重要性。

均衡膳食的原则：列出并解释均衡膳食的五大类食物（谷物、蔬菜、水果、蛋白质来源、乳制品）。

膳食建议：为不同人群（如儿童、成人、老年人）提供具体的膳食建议。

常见误区：指出并纠正关于健康饮食的常见误区。

实用小贴士：提供一些实用的健康饮食小贴士，如如何读食品标签、如何规划一周的菜单等。

结论：总结健康饮食的关键点，并鼓励读者采纳这些建议。

健康饮食指南

引言

健康饮食是维持良好身体状态、预防疾病和促进整体健康的关键。通过合理搭配食物，我们可以确保身体获得所有必需的营养素，从而保持活力、增强免疫力并提升生活质量。

均衡膳食的原则

均衡膳食意味着在日常饮食中合理搭配各类食物，以满足身体对能量、蛋白质、脂肪、碳水化合物、维生素、矿物质和水分的需求。以下是均衡膳食的五大类食物：

谷物：作为主食，应优先选择全谷物（如糙米、燕麦、全麦面包）和杂粮，它们富含纤维、维生素和矿物质，有助于消化和血糖控制。

蔬菜：多吃各种颜色的蔬菜，特别是深绿色、红色和橙色的蔬菜，它们富含维生素、矿物质和抗氧化剂，有助于降低患病风险。

水果：水果是天然的甜食，富含维生素、矿物质和膳食纤维。建议每天摄入 2－3 份水果，尽量选择新鲜水果而非果汁或加工水果制品。

蛋白质来源：优质蛋白质对于肌肉修复、生长和免疫功能至关重要。选择瘦肉（如鸡胸肉、鱼）、豆类、坚果和种子作为蛋白质的来源。

乳制品：乳制品是钙和维生素 D 的重要来源，有助于骨骼健康。选择低脂或无脂的乳制品，如牛奶、酸奶和奶酪，以控制脂肪摄入量。

膳食建议

多样化饮食：确保饮食中包含各种类型的食物，以获得全面的营养素。

适量摄入：注意控制食物的分量，避免过量摄入导致能量过剩。

定时定量：保持规律的饮食习惯，避免暴饮暴食或长时间不进食。

少油少盐：减少烹饪用油和食盐的摄入量，以降低心血管疾病的风险。

多喝水：保持充足的水分摄入，有助于维持身体正常功能和代谢。

常见误区

盲目节食：过度限制热量摄入可能导致营养不良和代谢率下降。

偏食挑食：只喜欢吃某些食物会导致营养素摄入不均衡。

依赖快餐和加工食品：这些食物往往高热量、高脂肪、高盐和高糖，不利于健康。

忽视早餐：不吃早餐可能导致能量不足和午餐过量摄入。

实用小贴士

阅读食品标签：了解食品的营养成分和添加剂信息，做出更健康的选择。

规划餐单：提前规划一周的菜单，确保饮食的多样性和均衡性。
准备健康零食：随身携带一些健康的零食（如坚果、水果干），以应对饥饿感。
参与烹饪：自己烹饪可以控制食材和调料的使用量，确保饮食的健康性。

结论
健康饮食是一种生活方式，需要长期的坚持和努力。通过遵循均衡膳食的原则、注意膳食建议、避免常见误区并采纳实用小贴士，我们可以享受美味的同时保持健康的体魄。让我们从今天开始，为自己的健康负责，选择更加均衡、营养丰富的饮食吧！

从以上两个例子可以看出，未明确指定步骤的情况，模型可能会生成一篇关于健康饮食的广泛概述，但不一定涵盖所有重要方面，如均衡膳食的原则、具体膳食建议、常见误区等。内容可能缺乏条理和逻辑性，读者难以快速找到他们关心的信息。并且由于缺乏具体指导，模型可能无法针对特定人群（如儿童、老年人）提供个性化的膳食建议。

明确指定步骤的情况下，模型会按照您指定的步骤逐一展开，使得指南内容结构清晰，易于阅读和理解。这样可以确保指南涵盖了健康饮食的各个方面，从基本原则到具体建议，再到常见误区和小贴士，满足读者的多样化需求。由于指定了为不同人群提供膳食建议的步骤，模型能够生成更加个性化和针对性的内容，提高指南的实用性和参考价值。明确的步骤有助于模型在编写过程中保持逻辑连贯性，使得指南内容条理分明，易于跟随和实施。

通过对比不难发现，明确指定任务步骤对于提高 ChatGPT 生成内容的质量和效果具有重要意义。它不仅有助于模型更好地理解用户的需求，还能确保生成的内容更加符合期望和要求。

5. 提供示例来引导模型生成回答

提供示例来引导模型生成回答是一种非常有效且常用的方法，尤其是在与 ChatGPT 或类似的语言模型交互时。示例可以帮助模型更好地理解你的需求、期望的输出格式以及可能包含的关键信息点。以下是一些使用示例来引导模型生成回答的技巧和例子。

使用示例来引导模型生成回答需确保示例清晰、具体，最好直接相关于你想要模型完成的任务。并且示例应需尽可能简洁，以便模型能够快速抓住要点。如果可能，提供多个示例以展示不同的情境或变体，这有助于模型学习更广泛的模式。另外，在使用示例时，还可以尝试突出显示或明确标注你希望模型特别关注的关键点。下面就是一个使用示例引导问答的例子。

我 编写一篇关于“智能家居”的短文，介绍其概念、优势及未来发展趋势。

示例引导：

示例 **1**（概念介绍）：

智能家居，简而言之，是指通过物联网技术将家中的各种设备（如照明、安防、温控等）连接起来，实现智能化控制和管理。用户可以通过手机、语音助手等智能终端远程控制家中的设备，享受更加便捷、舒适的生活体验。

示例 **2**（优势阐述）：

智能家居的优势在于其便利性、节能性和安全性。用户可以随时随地控制家中的设备，无需亲自操作；通过智能调度，系统能自动调整设备运行状态以节省能源；同时，智能家居系统还具备强大的安防功能，能实时监测家中情况并发送警报。

示例 **3**（未来发展趋势）：

展望未来，智能家居将更加普及和个性化。随着技术的不断进步，智能家居系统将更加智能化、人性化，能够更准确地理解用户需求并提供个性化服务。同时，智能家居还将与其他领域（如医疗、教育）深度融合，为用户创造更多元化的应用场景。

请求模型生成：

请结合以上三个示例的思路和结构，撰写一篇关于智能家居的短文，包括其概念介绍、优势阐述以及未来发展趋势的展望。

智能家居：未来生活的智能选择

在科技日新月异的今天，智能家居正逐步成为现代家庭的新宠儿。那么，什么是智能家居呢？简而言之，智能家居是通过物联网技术将家中的各种设备（包括但不限于照明、安防、温控系统等）紧密相连，形成一个智能化的网络。这个网络允许用户通过手机、语音助手等智能终端，随时随地远程控制家中的设备，从而享受到前所未有的便捷与舒适生活体验。

智能家居的魅力，首先体现在其独特的优势之上。最显而易见的便是其无与伦比的便利性。想象一下，在寒冷的冬日早晨，您还在被窝里享受着温暖的梦乡，而智能家居系统已经根据您的设定，悄悄地将室内温度调节至最宜人的范围，同时缓缓拉开窗帘，让温暖的阳光洒满房间。这样的场景，无疑是智能家居赋予现代生活的温馨写照。此外，智能家居还具备显著的节能性和安全性。通过智能调度，系统能够自动调整设备的运行状态，避免不必要的能源浪费，为家庭节省开支。而在安防方面，智能家居系统更是构建了一道坚实的防线，能够实时监测家中情况，并在发现异常时立即发送警报，确保家庭安全无忧。

展望未来，智能家居的发展前景更是令人充满期待。随着技术的不断进步和普及，智能家居系统将变得更加智能化、人性化。它们将能够更准确地理解用户的需求和习惯，提供更加个性化的服务。比如，根据您的作息时间和喜好，自动调节室内光线、温度和音乐；或是根据您的健康状况，推荐适合的饮食和运动方案。同时，智能家居还将与其他领域（如医疗、教育等）深度融合，为用户创造更多元化的应用场景。比如，在医疗领域，智能家居系统可以实时监测老人的健康状况，并在发现异常时及时联系医生或家属；在教育领域，智能家居则可以为孩子打造一个更加智能化的学习环境，提供个性化的学习资源和辅导。

总之，智能家居作为未来生活的重要组成部分，正以其独特的魅力和无限的可能性改变着我们的生活方式。随着技术的不断发展和普及，我们有理由相信，智能家居将在未来为更多的家庭带来更加便捷、舒适、安全和智能的生活体验。

通过提供这样的示例，模型能够更准确地理解你的需求，并生成一篇结构清晰、内容丰富的关于智能家居的短文。同时，这也为模型提供了一个学习框架，有助于它在未来处理类似任务时更加得心应手。

6. 设定回答的详细要求，如字数、段落数量、要点数量

设定回答的长度要求或令其包含特定数量的段落、要点，是有效引导 ChatGPT 或类似模型生成符合预期内容的一种方法。这样做不仅有助于确保回答的全面性和详尽性，还能让回答更加结构化和易于理解。以下是一些设定长度要求的示例。

1）设定字数要求

示例：“请为我撰写一篇关于人工智能在医疗领域应用的文章，字数不少于 800 字。”

明确指定字数范围，让模型知道需要生成多少文字的内容。注意，过长的字数要求可能会增加模型的计算负担，导致生成速度变慢或内容质量下降，因此应根据实际

需求合理设定。

2）设定段落数量

示例："请从三个方面分析智能家居的市场前景，并为每个方面撰写一个段落进行详细说明。"

通过指定段落数量，可以确保回答具有一定的结构性和条理性。同时，每个段落围绕一个主题进行阐述，有助于读者更好地理解和记忆。

3）设定要点数量

示例："请列出并解释智能家居的五个主要优势，每个优势需包含至少两个支持点。"

通过设定要点数量，可以确保回答包含关键信息和细节。每个要点下再列出支持点，可以进一步丰富内容，提高回答的说服力和可信度。

4）综合设定

示例："请为我编写一篇关于可持续发展的论文，要求包含引言、三个主要论点（每个论点一个段落，每个段落至少 200 字）、结论和参考文献。整篇论文字数控制在 1500 字以内。"

综合设定字数、段落数量和要点数量，可以更加精确地控制回答的内容和结构。这种方式适用于需要高度结构化和详尽分析的复杂任务。但是也需要注意，在设定长度要求时，确保设定的长度要求合理且符合实际需求，避免过长或过短导致的内容问题。虽然设定了长度要求，但也要给模型一定的灵活性来生成自然、流畅的内容。实际操作中，可以根据模型生成的初步回答，及时调整长度要求或提供更多指导，以获得更符合期望的答案。

6.2.2 为问答提供参考文本

提供参考文本可以显著提升 ChatGPT 语言模型生成回答的准确性和实用性。参考文本为模型提供了额外的上下文信息和背景知识，有助于模型更好地理解问题，并据此生成更加贴切、详尽的回答。

1. 使用参考文本引导回答

使用参考文本引导模型，首先需要收集与你的问题紧密相关的文本、段落或文章。确保参考文本简洁明了，包含解决问题的关键信息和细节。其次，在提问时，明确告诉模型你将提供参考文本，并简要说明这些文本的重要性。例如："请仔细阅读以下参考文本，并基于这些信息回答我的问题……"提交参考文本和问题：将参考文本作为输入的一部分，紧随在问题之前或之后提交给模型。确保参考文本和问题之间的界限清晰，以便模型能够区分它们。模型生成回答后，查看其是否准确，是否充分参考了提供的文本。如果需要，调整参考文本的内容或结构，或者重新表述问题以获得更好的回答。

下面是一个示例。

假设你的参考文本如下："根据世界卫生组织的数据，全球每年有数百万人死于心血管疾病。高血压是心血管疾病的主要风险因素之一，而控制血压对于预防心血管疾病至关重要。研究表明，健康饮食、定期锻炼和减少压力可以有效降低血压。"

你的问题是："请基于上述参考文本，详细阐述如何通过健康生活方式来降低患心血管疾病的风险。"

你可以这样向 ChatGPT 提问。

我 **请仔细阅读以下参考文本，并基于这些信息回答我的问题。**

"根据世界卫生组织的数据，全球每年有数百万人死于心血管疾病。高血压是心血管疾病的主要风险因素之一，而控制血压对于预防心血管疾病至关重要。研究表明，健康饮食、定期锻炼和减少压力可以有效降低血压。"
问题：请详细阐述如何通过健康生活方式来降低患心血管疾病的风险。

通过这种方式，ChatGPT 能够参考你提供的文本，并生成一个更加准确、详细且有针对性的回答，涵盖健康饮食、定期锻炼和减少压力等帮助降低血压和预防心血管疾病的措施。

2. 使用参考资料引导回答

让 ChatGPT 模型直接引用参考文本的内容来生成回答，是一种提高回答准确性和一致性的有效方法。这种方法特别适用于需要精确信息、引用原文或遵循特定数据来源的场景。以下是实现这一点的几个步骤。

1）准备参考文本

首先，确保你有一个或多个可靠的参考文本，这些文本包含了模型需要引用的准确信息。这些文本可以是书籍、学术论文、官方报告、网站内容等。

2）指示模型引用参考文本

在向模型提出查询时，明确指示它引用特定的参考文本。例如，你可以说："请基于《史记》中的《刺客列传》部分，回答关于荆轲刺秦王的问题，并直接引用相关段落。"

3）验证模型回答

在模型生成回答后，验证其是否确实引用了参考文本中的内容。这可以通过对比模型回答与参考文本原文来实现。如果模型未能正确引用或误解了原文，你可能需要调整你的查询或提供进一步的指导。

4）细化查询

如果模型在引用参考文本时遇到困难，你可以尝试细化你的查询。例如，你可以指定更具体的章节、段落或关键词，以帮助模型更准确地找到并引用所需的信息。

5）教育和训练

对于更复杂的任务或更专业的领域，你可能需要花费更多时间来教育和训练模型。这包括向模型提供大量相关的参考文本，并在其生成回答时给予反馈和纠正。随着时间的推移，模型将变得更加擅长引用参考文本来生成准确和一致的回答。

6）示例

假设你想让ChatGPT回答关于荆轲刺秦王的具体细节，并引用《史记》中的原文。你可以这样提问："请基于《史记》中的《刺客列传》章节，详细描述荆轲刺秦王的经过，并直接引用原文中至少两个关键段落来支持你的回答。"

然后，ChatGPT会尝试从《史记》的《刺客列传》中查找相关信息，并生成一个包含原文引用的回答。你可以通过对比原文来验证回答的准确性。

以下是一个问答实例。

我 请基于《史记》中的《刺客列传》章节，详细描述荆轲刺秦王的经过，并直接引用原文中至少两个关键段落来支持你的回答。

在《史记》的《刺客列传》章节中，荆轲刺秦王的经过被详细而生动地记录下来。以下是根据该章节的描述，对荆轲刺秦王经过的详细叙述，并直接引用原文中的关键段落来支持回答。
荆轲刺秦王的背景
荆轲，战国末期卫国人，后迁居燕国，以豪侠闻名。秦国灭赵后，兵锋直指燕国，燕太子丹决定派荆轲入秦行刺秦王，以图挽救燕国危亡。

刺秦准备
太子丹与荆轲商议后，决定以秦国叛将樊於期的首级和燕国督亢（今河北涿县、易县、固安一带）的地图为诱饵，接近秦王进行刺杀。荆轲亲自游说樊於期，樊於期为大局所动，自刎献首。随后，荆轲与勇士秦舞阳一同前往秦国。

刺秦过程
原文引用一：
“至日，荆轲奉樊於期头函，而秦舞阳奉地图匣，以次进。至陛下，秦舞阳色变振恐，群臣怪之，荆轲顾笑舞阳，前为谢曰：‘北蛮夷之鄙人，未尝见天子，故振慑，愿大王少假借之，使毕使于前。’”
这一段描述了荆轲与秦舞阳到达秦国宫殿，秦舞阳因紧张而色变，引起群臣注意。荆轲机智地为他掩饰，并请求秦王允许其继续完成献礼。
原文引用二：
“轲既取图奉之，发图，图穷而匕首见。因左手把秦王之袖，而右手持匕首揕之。未至身，秦王惊，自引而起，绝袖。拔剑，剑长，操其室。时恐急，剑坚，故不可立拔。”
这一段是刺秦的关键时刻。荆轲在献上地图时，突然图穷匕见，迅速左手抓住秦王的衣袖，右手持匕首刺向秦王。然而，秦王反应迅速，挣断衣袖逃脱，并试图拔剑自卫，但因剑太长且紧张而未能立即拔出。

刺秦结果
在接下来的混乱中，秦王在众臣的协助下，逐渐稳定局势，并最终反击荆轲。荆轲被秦王的侍卫所杀，刺秦行动失败。

后续影响
荆轲刺秦虽未成功，但其英勇无畏的精神却为后世所传颂。秦王大怒之下，派兵攻打燕国，最终燕国被灭。然而，荆轲的名字却永远与刺秦的故事联系在一起，成为了中国古代刺客文化的象征之一。

通过以上描述和原文引用，我们可以清晰地看到荆轲刺秦王的整个经过及其悲壮结局。荆轲的英勇和智谋虽然未能改变历史进程，但他那种为了国家和大义不惜牺牲个人生命的精神却永远值得我们铭记和学习。

6.2.3 任务拆分

在 ChatGPT 中，将复杂的任务拆分为简单的子任务是一种高效且实用的方法，可以显著提升问题处理的准确性和回答的实用性。

1. 使用问题分类的方法精确构建问题

在 ChatGPT 中，使用问题分类的方法可以帮助用户更精确地构建问题，从而引导模型给出更相关、更准确的回答。问题分类是将复杂或宽泛的问题拆分成更具体、更聚焦的子问题，每个子问题都针对一个明确的方面或角度。下面举例说明如何应用这种方法。

1）原始问题

"如何提高我的英语水平？"

2）问题分类与细化

这个问题非常宽泛，因为它涵盖了英语学习的多个方面，如听力、口语、阅读、写作和词汇等。为了得到更好的回答，可以将这个问题拆分成几个更具体的问题类别。

听力提升：

"如何有效提高英语听力理解能力？"

"有哪些优质的英语听力材料或 app 推荐？"

口语练习：

"如何在家自学英语口语并流利表达？"

"有哪些常用的英语口语练习技巧或方法？"

阅读理解：

"如何提升英语阅读速度和理解能力？"

"推荐一些适合提高英语阅读水平的书籍或文章。"

写作技巧：

"如何写出高质量的英语文章或作文？"

"有哪些英语写作技巧和模板可以学习?"

词汇积累:

"如何高效记忆英语单词并扩大词汇量?"

"有没有推荐的英语词汇学习工具或方法?"

3）提问示例

在 ChatGPT 中，可以依次输入这些细化后的问题。

对于听力提升:

"ChatGPT，请问有哪些有效的策略可以帮助我提高英语听力理解能力？另外，能否推荐一些优质的英语听力材料或 app?"

对于口语练习:

"我想在家自学英语口语并希望流利表达，ChatGPT 有什么建议或练习方法吗？另外，有哪些常用的英语口语技巧可以分享?"

4）问答展示

我 **ChatGPT，请问有哪些有效的策略可以帮助我提高英语听力理解能力？另外，能否推荐一些优质的英语听力材料或 app？**

要提高英语听力理解能力，可以采取多种有效的策略，并结合优质的英语听力材料或 app 进行练习。以下是一些具体的建议:

提高英语听力理解能力的策略

多听多练:

尽可能多地接触英语听力材料，如英语广播、电视节目、电影、音乐、播客等。

反复听同一段材料，直到完全理解为止，这有助于熟悉英语的语调、语速和常用表达。

选择合适的听力材料:

根据自己的英语水平选择适合的听力材料，避免过难或过易的内容。

初期可以选择带有字幕的材料，逐渐过渡到无字幕练习。

注重听力细节:

注意听力材料中的发音、语调、语速等细节，这有助于更好地理解说话者的意图和情感。

学习并识别英语中的俚语、短语和习惯用法。

使用听力技巧：
在听力过程中，尝试抓住关键词和提示词，这有助于快速理解大意。
利用上下文推断不熟悉的单词或短语的含义。
练习边听边做笔记，记录关键信息，以便后续回顾和总结。
影子跟读法：
选择一段适合自己英语水平的听力材料，尝试以最小的时间差跟读音频。
注意模仿原音的发音、语调和语速，这有助于提高口语流利度和听力理解能力。
精听与泛听结合：
精听训练注重细节和深度理解，适合用于提高特定领域的听力水平。
泛听则更注重整体理解和感受语言的节奏、语调和语言环境，有助于培养语感。

优质的英语听力材料或 app 推荐
每日英语听力：
这款 app 专为英语学习者设计，可以根据用户的英语水平推荐合适的听力材料。
提供丰富的听力资源，包括 BBC、CNN、新概念英语等多种来源的内容。
支持单句精听、跟读打分等多种训练模式，帮助用户提高听力水平。
可可英语：
年轻人喜爱的英语学习软件，拥有海量英语资源。
提供视频精听、外刊精读、名著精讲等多种学习模式。
独创九宫格听力练习法，帮助用户逐步提升听力水平。
扇贝听力口语：
拥有丰富且海量的听力资源，适合日常听力练习。
提供英语等级考试和专业考试的考试听力资料，帮助用户备考。
雅思听力：
专注于雅思考试的听力训练软件。
包含近年考试真题和详细解析，提供仿真模拟训练。
适合准备参加雅思考试的用户。

E 英语宝：

与学习教材同步的学习软件，提供多种学习场景。

提供课本朗读、课文长难句拆分等功能，帮助用户巩固课堂知识。

配有配音秀功能，让用户展示发音并收获成就感。

通过结合以上策略和优质的英语听力材料或 app 进行练习，相信你的英语听力理解能力会得到显著提升。

我 我想在家自学英语口语并希望流利表达，有什么建议或练习方法吗？另外，有哪些常用的英语口语技巧可以分享？

在家自学英语口语并希望流利表达，是一个需要持续努力和正确方法的过程。以下是一些建议、练习方法以及常用的英语口语技巧，希望能对你有所帮助：

一、自学英语口语的建议

设定明确目标：首先，确定你学习英语口语的具体目标，比如日常交流、商务沟通、旅游对话等。这有助于你更有针对性地选择学习材料和练习方法。

创造语言环境：尽量在家中创造一个全英文的学习环境。可以通过观看英文电影、电视剧、纪录片，听英文歌曲、播客，甚至在日常生活中使用英文标签和便签来提醒自己。

坚持每日练习：口语能力需要通过大量的实践才能提高。设定每日的口语练习时间，比如每天至少半小时到一小时的口语练习，可以是自我对话、跟读模仿、口语录音等。

利用科技工具：现在有很多学习英语的 app 和在线课程，如“流利说英语”“多邻国”等，它们提供了丰富的口语练习材料和互动学习功能，可以帮助你更好地自学英语口语。

加入学习社群：加入英语学习社群或参加线上/线下的英语角活动，与其他学习者交流心得，互相鼓励和帮助，可以提高你的学习动力和口语水平。

二、英语口语练习方法

自我对话：找一个安静的地方，假设一个场景，自己与自己进行对话。

这不仅可以锻炼你的口语表达能力，还可以帮助你克服害羞和不自信的心理。

跟读模仿：选择一段英文材料（如新闻、电影片段、演讲等），先听几遍熟悉内容，然后尝试跟读模仿。注意发音、语调和语速的模仿，这有助于提高你的口语流利度和准确性。

口语录音：录制自己的口语练习，然后回听并评估自己的发音、语法和流利度。这可以帮助你发现自己的不足之处，并有针对性地进行改进。

情景模拟：根据日常生活中的常见场景（如购物、点餐、问路等），设定对话内容并进行模拟练习。这可以提高你在实际情境中的口语应用能力。

与外教交流：如果条件允许，可以尝试与外教进行一对一的口语交流。外教可以提供更地道的语言输入和反馈，帮助你纠正发音和语法错误，提高口语水平。

三、常用的英语口语技巧

多用简单句：在口语交流中，尽量使用简单句来表达自己的想法，这有助于避免语法错误和提高表达的清晰度。

注意发音和语调：发音清晰、语调自然是口语流利表达的关键。注意模仿标准发音和语调，并多进行发音练习。

学会使用填充词：在口语交流中，适当使用填充词（如 um、ah、well 等）可以帮助你更好地组织语言和缓解紧张情绪。

积极倾听并回应：在口语交流中，积极倾听对方的发言并给予适当的回应是非常重要的。这不仅可以展现你的礼貌和尊重，还可以帮助你更好地理解对方的观点和意图。

积累常用表达和短语：通过阅读和听力练习积累常用的英语口语表达和短语，并在实际交流中灵活运用它们。这可以提高你的口语流利度和表达能力。

综上所述，自学英语口语需要持之以恒的努力和正确的方法。通过设定明确目标、创造语言环境、坚持每日练习、利用科技工具和加入学习社群等方式，你可以在家有效地提高英语口语水平。同时，掌握一些常用的英语口语技巧也能让你的口语表达更加流利和自然。

5）注意事项

在提问时，尽量保持问题的清晰和具体，避免使用模糊或宽泛的表述。可以根据 ChatGPT 的回答进一步细化或调整问题，以获得更深入的解答。如果你对 ChatGPT 的某个回答不够满意，可以尝试用不同的表述方式重新提问，或者将问题拆分成更小的部分进行询问。

可以使用分段总结的方法逐步得到答案。

ChatGPT 受信息存储能力的限制，对长篇文本处理有一定限制。面对长篇著作，若要求它一次处理整个文本，难免会出现一些误差。为此，我们可借鉴人类学习时的有效策略——“分段总结，再汇总”。正如我们在阅读长篇文章或书籍时，习惯性地逐章或逐节进行要点归纳，随后将这些局部总结汇聚在一起，进一步凝练成对整个作品的全面概述。如此操作，既确保了信息的精准捕捉，又实现了对长篇内容的条理化梳理。

6.2.4 给出参考答案，让 ChatGPT 更懂你

通过给出参考答案或示例，你可以引导 ChatGPT 生成更符合你特定要求的回答。这种做法实质上是在为 ChatGPT 提供一个“模板”或“框架”，以便它能够根据这个框架来构建其输出。以下是一些具体步骤和技巧，用于通过给出参考答案来让 ChatGPT 的回答更符合你的要求。

1. 明确示例需求

首先，明确你希望 ChatGPT 生成的回答类型、风格、长度以及包含的关键点。这些都将是你构建示例的基础。

2. 构建具体示例

根据你的需求，编写一个或多个具体的示例。这些示例应该清晰地展示你期望的输出格式、内容结构和语言风格。

例如，如果你在请求一篇关于“未来教育趋势”的文章，你可以提供一个简短的段落作为示例，展示文章开头如何引入主题，中间部分如何分析趋势，以及结尾如何总结观点。

3. 在提问中包含示例

在向 ChatGPT 提问时，直接在问题中包含你构建的示例。这样做可以明确地向 ChatGPT 展示你期望的回答样式。

提问示例：

“请参照以下示例，为我撰写一篇关于‘未来教育趋势’的文章，文章应包含引言、三个主要趋势的分析以及结论。

示例开头：‘随着科技的飞速发展，未来教育正经历着前所未有的变革。从个性化学习到虚拟现实课堂，新技术正在重新定义我们接受教育的方式……’”

4. 强调关键要素

在提问中，除了给出示例外，还可以特别强调你希望 ChatGPT 在回答中包含的关键要素或信息点。

额外说明示例：

“请确保在文章中详细探讨在线学习、人工智能辅助教学以及终身学习这三个未来教育趋势，并给出具体的例子和数据分析。”

5. 提供反馈并调整

如果 ChatGPT 的首次回答没有完全符合你的要求，不要气馁。你可以提供具体的反馈，指出哪些部分做得好，哪些部分需要改进，并给出修改建议。然后，你可以根据这些反馈重新调整你的问题或示例，以引导 ChatGPT 生成更符合要求的回答。

反馈示例：

“你的文章结构很好，但在分析人工智能辅助教学这一趋势时，我希望你能更多地关注它对教师角色的影响以及具体的教学应用案例。能否请你重新撰写这一部分？”

6. 持续迭代

通过不断地提供反馈和调整，你可以逐步优化 ChatGPT 的回答，使其越来越接近你的期望。这个过程可能需要一些时间和耐心，但最终的结果将是非常值得的。

通过上述方法，你可以有效地利用参考答案来引导 GPT 生成更符合你要求的回答。这不仅提高了你的工作效率，还确保了输出内容的质量和准确性。

下面是完整的示例展示。

我 **请参照以下示例，为我撰写一篇关于“未来教育趋势”的文章，文章应包含引言、三个主要趋势的分析以及结论。示例开头：“随着科技的飞速发展，未来教育正经历着前所未有的变革。从个性化学习到虚拟现实课堂，新技术正在重新定义我们接受教育的方式……”**

未来教育趋势：塑造学习与成长的新图景

在 21 世纪的浪潮中，随着信息技术的爆炸性增长和全球化进程的加速，未来教育正站在一个前所未有的转折点上。从传统的黑板粉笔到智能互联的课堂，从被动接受到主动探索，教育形态正经历着深刻而广泛的变革。本文将深入探讨三个核心的未来教育趋势，揭示它们如何共同绘制出一幅学习与成长的新图景。

一、个性化学习：定制教育的时代到来

个性化学习是未来教育最为显著的趋势之一。在传统教育体系中，教学往往采用“一刀切”的方式，难以充分满足每个学生的独特需求。而随着大数据、人工智能等技术的广泛应用，教育开始向更加精细化、个性化的方向发展。通过智能分析学生的学习习惯、兴趣偏好及能力水平，系统能够为其量身定制学习计划，提供定制化的教学内容和反馈。这种高度个性化的教育模式，不仅能够激发学生的学习兴趣，还能有效提升学习效率，确保每位学生都能在适合自己的节奏下成长。

二、混合式学习：线上线下融合的新常态

疫情防控加速了教育行业的数字化转型，混合式学习模式迅速崛起并成为未来教育的重要趋势。混合式学习融合了线上学习的灵活性与线下互动的亲密性，为学生创造了更加丰富多元的学习环境。在线上，学生可以通过高质量的视频课程、在线讨论和互动平台随时随地进行学习；而线下，则侧重于实践操作、小组合作和面对面的师生交流。这种模式不仅打破了时间和空间的限制，还促进了教育资源的优化配置，让优质教育资源得以更广泛地传播和共享。

三、终身学习：构建无边界的学习生态

在快速变化的知识经济时代，终身学习已成为个人发展的必然要求。未来教育将更加注重培养学生的自主学习能力、创新思维和适应能力，为他们构建一个无边界的学习生态。这个生态体系将涵盖从基础教育到高等教育的各个阶段，同时跨越校园内外的各种学习场景，包括社区学习中心、在线课程平台、企业培训等。通过搭建灵活多样的学习路径和认证体系，未来教育将鼓励并支持人们在整个生命周期中不断学习、不断进步，以适应社会的快速发展和变化。

结论

综上所述，未来教育正朝着个性化、混合式和终身学习的方向迈进。这些趋势不仅将深刻改变我们接受教育的方式和内容，还将对教育体制、教育理念乃至社会结构产生深远的影响。面对未来教育的变革与挑战，我们需要以开放的心态和创新的思维去拥抱这些变化，积极探索和实践新的教育模式和方法，为培养具有创新精神和实践能力的人才贡献力量。在这个过程中，每个人都可以成为未来教育的参与者和推动者，共同绘制出一幅更加美好、更加包容的学习与成长的新图景。

我 **请确保在文章中详细探讨在线学习、人工智能辅助教学以及终身学习这三个未来教育趋势，并给出具体的例子和数据分析。**

未来教育趋势：在线学习、人工智能辅助教学与终身学习的深度融合

在科技日新月异的今天，未来教育正以前所未有的速度和规模进行变革。其中，在线学习、人工智能辅助教学以及终身学习作为三大核心趋势，正共同塑造着学习与成长的新格局。本文将深入探讨这三个趋势，并通过具体例子和数据分析来展现其影响力和潜力。

一、在线学习：打破时空限制的知识获取方式

随着互联网技术的普及和发展，在线学习已成为人们获取知识的重要途径。据最新发布的《2024 年中国在线教育市场报告》显示，我国在线教育市场规模已突破 3500 亿元人民币，同比增长率达到 18.6%。这一数据不仅反映了市场对高质量教育资源的迫切需求，也彰显了在线学习模式的蓬勃生命力。

在线学习以其便捷性、灵活性和资源丰富性著称。以国内领先的在线教

育品牌“学而思网校”为例，该平台通过构建完善的课程体系及互动式教学模式，吸引了超过6000万的注册用户，其活跃用户增长率连续三年保持两位数以上。此外，国际知名的在线教育平台 Coursera 也与中国多所顶尖高校合作，推出了多个专业方向的免费公开课项目，吸引了大量中国学员参与学习并获得认证。

在线学习的优势在于能够打破时间和空间的限制，让学生随时随地进行学习。同时，利用大数据分析技术，许多在线平台还能根据学生的学习进度和兴趣提供定制化的课程内容，实现个性化学习。这种灵活高效的学习方式，不仅满足了现代人快节奏生活的需求，也提高了学习的针对性和效果。

二、人工智能辅助教学：教育智能化的新篇章

人工智能技术的快速发展为教育带来了革命性的变化。在辅助教学方面，人工智能通过提供智能化的教学工具和服务，极大地提升了教学效率和质量。例如，AI 可以根据学生的学习数据精准识别其优势和薄弱环节，并为其量身定制学习计划；自动化的作业批改和智能化的课程设计则减轻了教师的负担，使其能够更专注于学生的情感需求和创造力培养。

在国开大的人工智能赋能英语智慧教学改革试点中，人工智能技术发挥了关键作用。通过可视化学习数据，教师可以实时了解每位学生的知识点掌握度和课程完成度，从而进行精准教学和个性化辅导。此外，智能辅导系统还能随时为学生解答问题、提供学习建议，实现“一对一”乃至“多对一”的个性化课程体验。这种教学模式不仅提高了学生的学习效率和成绩，也促进了教育资源的优化配置和教育质量的全面提升。

三、终身学习：构建无边界的学习生态

在快速变化的知识经济时代，终身学习已成为个人和社会发展的必然要求。未来教育将更加注重培养学生的自主学习能力和创新精神，为他们构建一个无边界的学习生态。这个生态体系将涵盖从基础教育到高等教育的各个阶段以及校园内外的各种学习场景。

终身学习的理念强调学习的连续性和终身性。边工作边学习、间隔性学习将成为学习的新常态。例如，通过在线学习平台和工作坊等形式，职场人士可以不断更新自己的知识和技能以适应职场变化；退休人员也可以通过

参与老年大学等学习机构来丰富自己的晚年生活和精神世界。这种贯穿整个生命周期的学习方式不仅促进了个人成长和发展也推动了社会的整体进步和创新。

结论

综上所述，在线学习、人工智能辅助教学以及终身学习作为未来教育的三大核心趋势正深刻改变着我们的学习方式和成长路径。通过具体例子和数据分析可以看出这些趋势在教育领域的广泛应用和深远影响。面对未来教育的变革与挑战我们需要保持开放的心态和创新的思维积极拥抱这些变化，并不断探索和实践新的教育模式和方法，为培养具有创新精神和实践能力的人才贡献力量。

我 **你的文章结构很好，但在分析人工智能辅助教学这一趋势时，我希望你能更多地关注它对教师角色的影响以及具体的教学应用案例。能否请你重新撰写这一部分？**

二、人工智能辅助教学：重塑教师角色与教学模式

随着人工智能技术的飞速发展，其在教育领域的应用日益广泛，不仅为教学带来了前所未有的便利，也深刻地影响着教师的角色与教学模式。人工智能辅助教学正逐步成为教育智能化转型的重要驱动力。

对教师角色的影响

教学辅助者与创新者：在传统的教学模式中，教师是知识的传授者。而在人工智能的辅助下，教师的角色逐渐转变为教学过程的辅助者和创新者。教师可以利用 AI 工具进行精准教学分析，识别学生的学习难点，从而设计出更具针对性的教学策略。同时，教师还能够借助 AI 技术探索新的教学方法和模式，如翻转课堂、项目式学习等，以激发学生的学习兴趣和创造力。

情感与价值观的引导者：虽然人工智能能够处理大量数据和提供个性化学习建议，但它缺乏人类的情感理解和价值观引导能力。因此，在未来的教育中，教师需要更加注重与学生的情感交流和价值观培养。通过面对面的互动、小组讨论和个别辅导等方式，教师可以帮助学生建立正确

的人生观、价值观，并培养他们的社交能力和团队协作能力。

具体的教学应用案例

智能教学助手：某中学引入了一款智能教学助手系统。该系统能够根据学生的学习数据自动推荐学习资源，如视频讲解、习题练习等，并实时反馈学生的学习进度和效果。教师则可以利用这些数据调整教学计划，为学生提供个性化的辅导。同时，智能教学助手还能自动批改作业和试卷，减轻教师的负担，让他们有更多时间关注学生的情感需求和创新能力培养。

虚拟实验室：在理科教学中，实验是一个不可或缺的环节。然而，由于实验条件有限或安全因素考虑，许多实验难以在现实中开展。借助人工智能和虚拟现实技术，教师可以创建虚拟实验室环境。学生可以在虚拟实验室中进行各种实验操作，观察实验现象并记录数据。这种教学方式不仅提高了实验的安全性和可操作性，还增强了学生的学习兴趣和实验能力。

智能语音交互系统：一些学校开始采用智能语音交互系统辅助教学。该系统能够识别学生的语音指令并作出相应回应。例如，在英语口语训练中，学生可以通过与智能语音交互系统进行对话练习发音和口语表达能力；在数学解题中，学生可以向系统提问并获取详细的解题步骤和思路解析。这种教学方式不仅提高了学生的学习效率还培养了他们的自主学习能力和问题解决能力。

综上所述，人工智能辅助教学正以其独特的优势重塑着教师的角色与教学模式。通过精准的数据分析、个性化的学习建议和丰富的教学资源支持等方式，人工智能为教师提供了强大的教学辅助工具；同时，它也促使教师更加注重与学生的情感交流和价值观引导等方面的工作。在未来的教育中，人工智能与教师的紧密合作将共同推动教育事业的持续发展和创新。

6.3 不同场景下的提示词使用

1. 行政人员撰写公司各类通知

1）应用场景

行政人员负责公司内部沟通的重要桥梁，通过撰写各类通知确保信息的准确传

达。这包括但不限于活动安排、政策变动、假期通知等。

2）参考提示词

“为了提升员工参与度，请撰写一份关于‘员工健康月’启动仪式的通知，明确活动目的、时间安排、参与方式及奖励机制。要求语言积极向上，激发员工兴趣。”

3）实例展示

我 **为了提升员工参与度，请撰写一份关于“员工健康月”启动仪式的通知，明确活动目的、时间安排、参与方式及奖励机制。要求语言积极向上，激发员工兴趣。**

员工健康月启动仪式通知

尊敬的全体员工：

在这个充满活力与挑战的新时期，我们深知每一位员工的健康与幸福是企业最宝贵的财富。为了进一步增强团队凝聚力，提升大家的工作生活品质，激发无限潜能，公司特此宣布启动“员工健康月”活动！这不仅是一场关于身体的锻炼之旅，更是一次心灵的滋养与成长的契机。让我们携手并进，共创健康、快乐、高效的工作环境！

活动目的：

促进健康：通过多样化的活动，鼓励大家关注自身健康，培养良好的生活习惯。

增强凝聚力：在共同参与中加深彼此了解，增强团队间的沟通与合作。

提升工作效率：健康的体魄是高效工作的基石，助力每位员工以更佳状态投入工作。
传递正能量：营造积极向上的企业文化氛围，让健康与快乐成为我们的日常。

时间安排：
启动仪式：定于［具体日期］，上午9：00，在公司大会议室举行。这将是一个充满仪式感的开始，期待您的热情参与！
活动周期：自启动之日起，为期一个月，贯穿整个［月份］。
参与方式：
报名参与：请各位员工通过公司内部系统或邮件方式报名，选择您感兴趣的活动项目。
积极参与：活动期间，公司将组织晨跑团、瑜伽课程、健康讲座、营养午餐挑战、心理健康工作坊等一系列丰富多彩的活动，期待您的身影出现在每一个精彩瞬间。
分享互动：鼓励大家在社交媒体或公司内部平台上分享自己的健康小贴士、运动成果及感悟，相互激励，共同成长。

奖励机制：
参与奖：所有完成报名并至少参与一项活动的员工，将获得精美健康礼包一份。
成就奖：根据参与活动的数量、质量及影响力，评选出“健康之星”若干名，颁发荣誉证书及丰厚奖品。
团队奖：对参与度最高、表现最突出的团队给予特别表彰，并组织团建活动作为奖励。

我们坚信，通过“员工健康月”的共同努力，每一位员工都能收获更加健康、积极的自己，同时为公司的发展注入更强的动力。让我们从现在做起，从自我做起，开启这场健康与快乐的盛宴吧！
期待在启动仪式上与您相见，共同见证这一重要时刻的到来！
祝工作顺利，身体健康！
［公司名称］
［发布日期］

4）分析

此提示词不仅明确了通知的内容主题（员工健康月启动仪式），还详细列出了需包含的关键信息点（活动目的、时间、参与方式、奖励），同时强调了语言风格的要求（积极向上，激发兴趣），有助于 ChatGPT 生成既正式又富有吸引力的通知。

2. 创业者撰写商业计划书

1）应用场景

创业者在筹备新项目时，需要编写商业计划书以吸引投资者或合作伙伴。这份计划书需全面阐述项目的商业模式、市场潜力、竞争优势及财务预测。

2）参考提示词

“假设我正在开发一款面向年轻人的社交健身 app，请帮我构思一份商业计划书大纲，重点包括市场分析（目标用户群、市场需求）、产品特色（功能亮点、用户体验）、营销策略（渠道选择、品牌建设）及财务规划（收入模型、资金需求）。”

3）实例展示

我 **假设我正在开发一款面向年轻人的社交健身 app，请帮我构思一份商业计划书大纲，重点包括市场分析（目标用户群、市场需求）、产品特色（功能亮点、用户体验）、营销策略（渠道选择、品牌建设）及财务规划（收入模型、资金需求）。**

社交健身 app 商业计划书大纲

1. 执行摘要

项目概述：简述项目背景、目标、核心竞争优势及市场定位。

融资需求：明确所需资金总额、资金用途及预期回报。

2. 市场分析

2.1　目标用户群

用户画像：

年龄段：主要面向 21－35 岁的年轻白领和学生群体。

性别比例：预计男女比例接近 1∶1，但根据市场调研可适当调整。

兴趣爱好：追求健康生活方式，喜欢社交互动，对新技术接受度高。

用户规模与增长潜力：

当前全球健身软件用户规模及增长趋势。

中国健身软件市场用户规模及活跃用户数据（如达到4.8亿人，同比增长12.8%）。
细分市场需求分析，如减肥塑身、释放压力等。

2.2　市场需求

健康意识提升：随着健康中国战略的实施和居民生活水平的提高，健康意识显著增强。
移动互联网普及：智能手机和移动互联网的普及为健身app提供了广阔的发展空间。
社交化需求：年轻用户倾向于在健身过程中寻找社交互动，分享成果和经验。

3. 产品特色

3.1　功能亮点

个性化健身计划：利用AI算法根据用户身体状况和运动偏好生成个性化健身计划。
社交互动功能：
运动打卡、挑战赛：增加用户粘性和活跃度。
健身社区：用户可分享健身心得、成果，相互激励。
智能穿戴设备连接：支持多种智能手环、手表等设备，实时监测运动数据。
多元化课程：涵盖瑜伽、跑步、力量训练等多种健身课程，满足不同用户需求。
AR跑步地图：增强现实技术提升户外跑步体验。

3.2　用户体验

简洁易用的界面设计：确保用户能够快速上手并享受健身过程。
流畅的操作体验：优化软件性能，减少卡顿和加载时间。
全面的数据分析：提供详尽的运动数据和健康指标分析，帮助用户了解运动效果。

4. 营销策略

4.1　渠道选择

线上渠道：

社交媒体推广（微博、微信、抖音等）

应用商店优化（ASO）

KOL/网红合作

线下渠道：

与健身房、高校合作，举办线下活动

健身赛事赞助

4.2　品牌建设

品牌定位：年轻、时尚、健康的社交健身平台。

品牌形象塑造：通过社交媒体、内容营销等方式传递品牌理念。

口碑营销：鼓励用户分享使用体验，形成良好的口碑效应。

5. 财务规划

5.1　收入模型

会员订阅：提供不同等级的会员服务，如基础版、高级版等。

内容付费：特色课程、专业教练指导等付费内容。

广告收入：与品牌合作，展示广告获取收入。

电商销售：销售健身装备、营养品等周边产品。

5.2　资金需求

初期投资：包括产品研发、市场推广、团队建设等费用。

运营资金：用于日常运营、服务器维护、内容更新等。

预期回报：基于用户增长、收入模型及市场潜力，制定详细的盈利预测和回报周期。

6. 风险评估与应对措施

市场风险：关注竞品动态，灵活调整市场策略。

技术风险：加大研发投入，确保产品稳定性和安全性。

政策风险：关注政策变化，确保合规经营。

资金风险：制定合理的资金使用计划，寻求多元化融资渠道。

7. 附录

市场调研数据：包括用户问卷、行业报告等。

团队介绍：核心团队成员背景、专业技能及经验介绍。

法律文件：公司注册证书、合作协议等。

以上大纲为社交健身 app 商业计划书的基本框架，具体内容需根据实际情况进一步细化和完善。

4）分析

此提示词详细描述了项目的核心信息（社交健身 app），并明确了商业计划书应涵盖的关键部分。通过具体化的要求，如目标用户群、功能亮点等，引导 ChatGPT 生成更具针对性和实用性的商业计划书大纲。

3. 记者撰写新闻报道

1）应用场景

记者负责采集、整理并报道新闻事件，确保公众能够及时获取准确信息。新闻报道需遵循客观、公正、及时的原则。

2）参考提示词

“请基于今天的城市交通改革发布会，撰写一篇新闻报道，重点关注改革背景、主要措施、市民反应及专家评论。要求引用发布会上的原话，保持报道的准确性和权威性。”

3）实例展示

我 **请基于今天的城市交通改革发布会，撰写一篇新闻报道，重点关注改革背景、主要措施、市民反应及专家评论。要求引用发布会上的原话，保持报道的准确性和权威性。**

城市交通改革发布会：聚焦绿色出行与高效管理

今日，一场关于城市交通改革的发布会吸引了社会各界的广泛关注。随着城市化进程的加速，城市交通拥堵、环境污染等问题日益凸显，此次发布会旨在公布一系列旨在提升交通效率、促进绿色出行的创新措施。

改革背景直击痛点

发布会首先深入剖析了当前城市交通面临的严峻挑战。随着私家车数量的激增和人口密度的增加，城市交通拥堵已成为常态，不仅影响了市民的出行效率，还加剧了空气污染。因此，改革势在必行，旨在通过创新手段解决这些问题，为市民创造更加宜居的城市环境。

主要改革措施概览

优化公共交通系统：为了鼓励市民更多地选择公共交通，将加大对公交、地铁等公共交通工具的投入，提升其服务质量和运营效率。同时，将引入更多智能化技术，如实时公交查询、智能调度等，以提供更加便捷、准确的出行信息。

推广绿色出行方式：为了减少尾气排放和缓解环境污染，将大力推广新能源汽车、共享单车等绿色出行方式。政府将出台相关政策，如购车补贴、停车优惠等，以降低市民使用绿色出行方式的成本。

加强交通基础设施建设：针对城市交通拥堵的根源，将加大交通基础设施的投资力度，建设更加完善的道路网络、交通枢纽和停车设施。同时，将注重交通设施的智能化改造，如智能交通信号系统、智能停车系统等，以提高交通系统的整体运行效率。

提升交通管理水平：将建立健全的交通管理体系，加强对交通违法行为的查处力度，提高交通管理的规范化、科学化水平。同时，将利用大数据、云计算等现代信息技术手段，提升交通管理的智能化水平，实现交通资源的优化配置和高效利用。

市民反应

发布会后，市民们纷纷表示对改革措施充满期待。一位长期受交通拥堵困扰的市民表示："这些改革措施真是切中了我们的痛点，希望它们能尽快落地实施，让我们的出行变得更加顺畅和舒适。"同时，也有市民对新能源汽车的普及表示欢迎，认为这将有助于改善城市空气质量。

专家评论

交通领域专家对本次改革给予了高度评价。一位不愿透露姓名的专家表示："这次改革措施全面而具体，既考虑了当前城市交通的突出问题，又兼顾了未来的发展趋势。特别是公共交通体系的优化和绿色出行方式的推广，将为城市交通的可持续发展奠定坚实基础。”他还指出，改革的成功与否，关键在于能否有效落实各项措施，并持续跟踪评估其效果。

结语

本次城市交通改革发布会的召开，标志着我国城市交通系统将迎来一次全面而深刻的变革。我们有理由相信，在政府、企业和市民的共同努力下，城市交通将更加安全、便捷、高效、绿色，为城市的可持续发展注入新的活力。

4）分析

此提示词明确了新闻报道的焦点（城市交通改革发布会），并详细列出了报道应包含的内容要素（改革背景、措施、市民反应、专家评论）。通过强调引用原话的要求，提高了报道的权威性和可信度。

4. 研究员撰写政策报告

1）应用场景

研究员需要深入分析国家政策、社会趋势或行业动态，撰写详尽的政策报告，为政府决策、企业战略规划等提供有力支持。

2）参考提示词

“请撰写一份关于‘新能源汽车产业促进政策’的深入研究报告，涵盖政策背景、国内外发展现状对比、政策实施效果评估、存在问题及改进建议。要求引用最新数据，进行深入剖析，并提出切实可行的政策建议。”

3）实例展示

我 **请撰写一份关于“新能源汽车产业促进政策”的深入研究报告，涵盖政策背景、国内外发展现状对比、政策实施效果评估、存在问题及改进建议。要求引用最新数据，进行深入剖析，并提出切实可行的政策建议。**

新能源汽车产业促进政策深入研究报告

1. 政策背景

1.1　全球背景

进入21世纪以来，全球面临气候变化、能源危机等严峻挑战，推动清洁能源和可持续发展成为全球共识。新能源汽车作为传统燃油汽车的重要替代方案，因其环保、节能等特性，在全球范围内得到了广泛关注和迅速发展。各国政府纷纷出台一系列支持政策，以促进新能源汽车产业的快速发展。

1.2　中国背景

中国政府高度重视新能源汽车产业的发展，自 20 世纪 90 年代起开始布局新能源汽车领域。近年来，随着“双碳”目标的提出，中国新能源汽车产业迎来了新的发展机遇。政府通过财政补贴、税收减免、充电设施建设支持、技术研发支持及市场推广等多种政策手段，推动新能源汽车产业快速发展。

2. 国内外发展现状对比

2.1　国内发展现状

中国已成为全球最大的新能源汽车市场。据中国汽车工业协会（中汽协）数据显示，2023 年中国新能源汽车产量为 958.6 万辆，销量达到 949.5 万辆，同比分别增长 35.8% 和 36.9% 。2024 年 1－5 月，新能源汽车累计销量达到 389 万辆，同比增长 32.5% 。中国新能源汽车产业链已基本形成，从上游的电池材料供应到下游的整车制造，各环节都有大量企业参与，并在国际市场中展现出较强的竞争力。

2.2　国外发展现状

全球范围内，新能源汽车产业也呈现出快速发展的态势。特斯拉作为全球新能源汽车市场的领军者，凭借其先进的电池技术、自动驾驶等创新技术，在全球范围内获得了广泛认可。欧洲多国政府也通过补贴、税收优惠等措施，积极推动新能源汽车的普及。然而，与中国相比，国外新能源汽车市场的规模和增速仍有一定差距。

3. 政策实施效果评估

3.1　财政补贴政策

财政补贴政策有效降低了消费者购车成本，促进了新能源汽车销量的快速增长。然而，随着新能源汽车市场的逐渐成熟，补贴政策也面临逐步退坡的问题。如何在补贴退坡后保持新能源汽车市场的稳定增长，是当前政策制定者需要关注的重要问题。

3.2 税收优惠政策

税收优惠政策对新能源汽车的生产、销售和使用环节给予了有力支持。减免车辆购置税、消费税等措施，进一步降低了新能源汽车的购车成本和使用成本，提高了市场接受度。然而，税收优惠政策也需要与其他政策相配合，形成协同效应。

3.3 充电设施建设支持政策

充电设施建设是新能源汽车推广的重要支撑。政府通过资金支持、政策引导等方式，推动充电设施的普及和完善。然而，目前充电设施的建设进展较慢，覆盖范围有限，充电速度较慢，仍需进一步加大投入力度。

3.4 技术研发支持政策

技术研发支持政策推动了新能源汽车技术的进步和产业升级。政府通过资金支持和政策引导，鼓励企业加大研发投入，提高新能源汽车的性能和用户体验。然而，技术创新仍面临诸多挑战，如电池技术不成熟、续航里程短等问题，需要持续加大研发力度。

4. 存在问题

4.1 技术挑战

新能源汽车技术仍面临诸多挑战，如电池技术不成熟、续航里程短、充电时间长等。这些问题限制了新能源汽车的市场接受度，需要持续加大技术研发力度。

4.2 市场挑战

新能源汽车价格相对较高，消费者购车意愿不足。同时，充电设施不完善、续航里程焦虑等问题也影响了新能源汽车的普及。

4.3 政策环境挑战

补贴政策不稳定、标准体系建设滞后等问题给新能源汽车产业的发展带来了一定的不确定性。政府需要制定长期稳定的补贴政策，加强标准体系建设，为新能源汽车产业的发展提供有力保障。

5. 改进建议

5.1 加大技术研发力度

政府应继续加大对新能源汽车技术研发的支持力度，鼓励企业加大研发投入，提高电池技术、驱动技术等关键技术的水平。同时，加强与国际先进企业的合作与交流，引进先进技术和管理经验。

5.2 完善充电设施建设

政府应加大对充电设施建设的投入力度，推动充电设施的普及和完善。鼓励企业投资建设充电桩，提高充电设施的覆盖率和充电速度。同时，加强与能源公司的合作，推动充电设施与智能电网的结合。

5.3 降低购车成本

政府可以通过减免购置税、提供优惠贷款等方式降低新能源汽车的购车成本。同时，鼓励企业实施规模化生产，提高生产效率，降低生产成本。此外，还可以通过推广新能源汽车租赁等方式降低消费者的使用成本。

5.4 制定长期稳定的补贴政策

政府应制定长期稳定的补贴政策，确保补贴政策的连续性和稳定性。同时，加强对补贴资金的监管和使用，确保补贴资金的有效使用。此外，还可以探索不同形式的补贴政策，如按照充电速度、续航里程等指标给予不同的补贴。

5.5 加强标准体系建设

政府应加强新能源汽车标准体系的建设，制定明确的技术要求和质量标准。建立健全的认证体系，为新能源汽车产业提供更好的发展环境。同时，加强与国际标准的对接和互认，提高我国新能源汽车产业的国际竞争力。

6. 结论

新能源汽车产业作为未来汽车产业的发展方向，具有广阔的发展前景。然而，在发展过程中仍面临诸多挑战。通过加大技术研发力度、完善充电设施建设、降低购车成本、制定长期稳定的补贴政策以及加强标准体系建设等措施，可以进一步推动新能源汽车产业的快速发展。未来，随着技术进步和政策支持的不断提升，新能源汽车产业将为实现可持续发展目标做出更大贡献。

4）分析

此提示词详细说明了政策报告的核心内容（新能源汽车产业促进政策），并指出了报告应包含的关键部分（政策背景、发展现状、效果评估、问题及建议）。通过强调引用最新数据和深入剖析的要求，确保报告的专业性和实用性。

5. 品牌营销人员讲述品牌故事

1）应用场景

品牌营销人员通过讲述品牌故事，传递品牌理念、价值观和文化，增强消费者对品牌的认知和情感连接。

2）参考提示词

“请为‘绿色地球’环保品牌撰写一篇品牌故事，从品牌创立的初心讲起，讲述品牌如何通过创新技术和产品改变世界，减少环境污染。故事中融入真实人物、感人瞬间和成功案例，展现品牌的责任感和使命感。”

3）实例展示

我 **请为“绿色地球”环保品牌撰写一篇品牌故事，从品牌创立的初心讲起，讲述品牌如何通过创新技术和产品改变世界，减少环境污染。故事中融入真实人物、感人瞬间和成功案例，展现品牌的责任感和使命感。**

在浩瀚宇宙的一隅，地球以她独有的蔚蓝与翠绿，孕育了万物生灵，却也悄然承受着前所未有的重负。正是在这片既美丽又脆弱的土地上，一个怀揣梦想与希望的种子悄然萌芽——“绿色地球”环保品牌应运而生。

初心的火花

故事始于一位名叫林浩的年轻人，他自幼生长在风景如画的乡村，但随着年岁的增长，亲眼目睹了家乡河流的污染、森林的消逝，以及城市上空日益浓重的雾霾。这些景象像一把锋利的刀，深深刺痛了他的心。林浩意识到，保护环境已刻不容缓，他决心用自己的力量，为地球母亲披上更加鲜亮的绿装。于是，“绿色地球”环保品牌应运而生，带着对自然最纯粹的敬畏与爱护，踏上了改变世界的征途。

创新引领，科技赋能

“绿色地球”深知，仅凭一腔热血远远不够，真正的改变需要科技与创新的双轮驱动。品牌汇聚了一群来自环保、材料科学、生物技术等领域的顶尖人才，他们夜以继日地研发，旨在创造出既能满足人类生活需求，又能最大限度减少环境负担的产品。

其中，最引人注目的莫过于“生态循环包装”项目。这种包装材料由可降解植物纤维制成，不仅轻便耐用，更能在自然环境中迅速分解，彻底解决了传统塑料包装带来的“白色污染”问题。当第一批生态循环包装产品上市时，消费者们被其环保理念深深打动，纷纷选择支持，一时间，绿色消费的风潮席卷全球。

感人瞬间，共筑绿色梦

在“绿色地球”的征途中，不乏感人至深的瞬间。记得有一年，品牌联合当地社区，发起了一场名为“绿动未来”的植树造林活动。那天，阳光明媚，数百名志愿者，包括老人、孩子，还有来自不同行业的爱心人士，共同在荒芜的山坡上种下了一棵棵希望之树。汗水与泥土交织，笑声与希望同在，那一刻，所有人都相信，只要大家携手努力，地球定能重焕生机。

成功案例，见证改变

经过数年的不懈努力，“绿色地球”不仅在国内市场赢得了广泛赞誉，更在国际舞台上大放异彩。品牌成功推动了多个环保项目的落地实施，如城市垃圾分类智能系统、海洋塑料回收再利用项目等，有效减少了环境污染，促进了资源的循环利用。尤为值得一提的是，通过与政府、企业、非政府组织的紧密合作，“绿色地球”成功助力多个地区实现了环境质量的显著提升，为当地居民带来了更加宜居的生活环境。

结语

“绿色地球”，这个名字不仅仅是一个品牌，它更是一种信仰，一种责任，一种使命。它告诉我们，每个人都可以成为改变世界的一份子，只要我们心怀希望，勇于创新，坚持不懈。在未来的日子里，“绿色地球”将继续携手全球伙伴，以更加坚定的步伐，向着更加绿色、可持续的未来迈进，共同守护我们唯一的地球家园。

4）分析

此提示词以品牌故事为主线，明确了故事的起点（品牌创立的初心）、核心情节（通过创新改变世界）和情感基调（责任感和使命感）。通过真实人物和成功案例的融入，使品牌故事更加生动感人，易于引起消费者的共鸣。

6. 新媒体运营人员写推文

1）应用场景

新媒体运营人员负责在社交媒体平台上发布推文，吸引用户关注、提升品牌曝光度和互动率。

2）参考提示词

"为庆祝我们的新品上市，请撰写一条富有创意的推文，内容需包含新品亮点、限时折扣信息和互动环节（如抽奖活动）。推文要求语言简洁明快，图文并茂，并附上购买链接以便用户直接下单。"

3）实例展示

我 **为庆祝我们的新品上市，请撰写一条富有创意的推文，内容需包含新品亮点、限时折扣信息和互动环节（如抽奖活动）。推文要求语言简洁明快，图文并茂，并附上购买链接以便用户直接下单。**

【新品炸裂来袭，限时疯抢不容错过！】

【新品亮点大揭秘】

解锁未来科技，我们匠心巨献——【智控生活魔盒】！一键智控全屋，让生活瞬间升级智能范儿！超长续航，极致静音，更有 AI 智能学习功能，懂你所想，予你所求。这不仅仅是一款产品，它是你未来生活的贴心小管家！

【限时折扣，错过等一年！】

为庆祝新品上市，前 100 名购买用户享受专属福利！原价 999 元，现在直降 300 元，仅需 699 元即可带回家！更有超值赠品等你拿，数量有限，先到先得哦！

【互动抽奖，赢取神秘大礼！】

转发此推文并@三位好友，说出你对【智控生活魔盒】的期待或创意使用场景，即有机会参与抽奖！我们准备了 5 份神秘大礼，包括但不限于高端智能音箱、定制版智能手环... 更多惊喜等你来拿！

快来抓住这波福利，让【智控生活魔盒】成为你生活中的小确幸！直接点击下方链接，开启你的智能生活新篇章！

【立即抢购】https://****.com

别犹豫，未来已来，就等你来驾驭！

#新品上市##限时折扣##抽奖活动#

4）分析

此提示词围绕新品上市这一主题，明确了推文的核心内容（新品亮点、折扣信息、互动环节）和发布目的（吸引关注、提升曝光度和互动率）。通过简洁明快的语言和图文并茂的设计，以及购买链接的提供，有效提升了推文的吸引力和转化率。

7. 产品经理或技术人员编写产品说明书

1）应用场景

产品经理或技术人员需要编写产品说明书，详细介绍产品的功能、使用方法、注意事项等，以便用户正确、安全地使用产品。

2）参考提示词

“请为我们的智能家居控制中心编写一份详细的产品说明书，包括产品概述、系统要求、安装步骤、功能介绍（如远程控制、语音交互、场景设置等）、使用注意事项及故障排除指南。说明书需图文并茂，语言通俗易懂。”

3）实例展示

我 **请为我们的智能家居控制中心编写一份详细的产品说明书，包括产品概述、系统要求、安装步骤、功能介绍（如远程控制、语音交互、场景设置等）、使用注意事项及故障排除指南。说明书需图文并茂，语言通俗易懂。**

智能家居控制中心产品说明书

封面

| 智能家居控制中心 |

| 产品说明书 |

| 版本号：V1.0 |

| 发布日期：XXXX 年 XX 月 |

| 制造商：未来智控科技 |

目录：

产品概述

系统要求

安装步骤

功能介绍

远程控制

语音交互

场景设置

其他特色功能

使用注意事项

故障排除指南

1. 产品概述

智能家居控制中心是未来智控科技精心打造的一款集远程控制、语音控制、智能场景设置等功能于一体的智能家居核心设备。它采用先进的物联网技术，能够轻松连接并管理家中的智能设备（如智能灯泡、智能插座、智能空调等），让您的生活更加便捷、舒适和安全。

产品特点：

全面兼容：支持市面上绝大多数智能设备品牌。

高效稳定：采用高速处理器，确保指令快速响应，系统稳定运行。

智能互联：通过手机 app 或网页平台，随时随地掌控家中一切。

语音控制：内置高灵敏度麦克风，支持主流语音助手，实现语音操控家居设备。

场景模式：预设多种生活场景，一键切换，满足不同生活需求。

2. 系统要求

网络环境：需接入 2.4GHz 或 5GHz Wi－Fi 网络，推荐带宽不低于 10Mbps。

手机 app：支持 iOS 10.0 及以上版本或 Android 6.0 及以上版本。

电源要求：AC 100－240V，50/60Hz，输出 DC 12V/1A。

环境要求：避免阳光直射，通风良好，远离潮湿及高温环境。

3. 安装步骤

步骤一：准备工作

确保家中 Wi－Fi 网络已开启并可正常使用。

下载并安装“未来智控”APP。

步骤二：连接电源

将智能家居控制中心插入电源插座，指示灯亮起表示通电成功。

步骤三：配置网络

打开“未来智控”APP，根据提示选择“添加设备”。

扫描设备上的二维码或手动输入设备序列号进行配对。

按照 app 指引，将控制中心连接到家庭 Wi－Fi 网络。

步骤四：添加智能设备

在 app 中继续添加家中已有的智能设备，按照提示完成配对。

步骤五：完成设置

设置完成后，即可在 app 中查看并控制所有已连接的智能设备。

4. 功能介绍

远程控制

通过手机 app 或网页平台，无论身在何处都能远程操控家中设备。

语音交互

支持主流语音助手（如 Siri、小爱同学等），只需简单语音指令即可控制设备。

场景设置

预设多种生活场景（如离家模式、回家模式、观影模式等），一键切换至所需场景。
用户也可自定义场景，根据个人习惯设置设备联动规则。
其他特色功能
定时任务：设置设备自动开关时间，如定时开启空调、关闭灯光等。
能耗统计：查看各设备能耗情况，帮助节能减排。
安全防护：支持门窗传感器、烟雾报警器等安防设备接入，提升家庭安全。

5. 使用注意事项
请勿在潮湿、高温或易燃环境下使用本产品。
定期检查设备连接线是否牢固，避免松动或损坏。
使用过程中如遇异常情况（如设备发热、异响等），请立即停止使用并联系客服。
请勿私自拆解或修理设备，以免造成损坏或安全隐患。

6. 故障排除指南
问题一：设备无法连接 Wi－Fi
检查 Wi－Fi 密码是否正确。
确保设备处于 Wi－Fi 信号覆盖范围内。
尝试重启设备或路由器。
问题二：app 无法控制设备
检查 app 是否已更新至最新版本。
确认设备已正确添加到 app 中。
检查设备是否处于在线状态。
问题三：语音控制无响应
确保手机语音助手已开启并授权给“未来智控”APP。
检查麦克风是否被遮挡或损坏。
尝试在安静环境下重新进行语音控制。
注：以上内容仅为示例，具体产品细节及操作方式请以实际产品为准。如有任何疑问或需要帮助，请联系我们的客服热线：[填写客服热线] 或访问官方网站：[填写官网地址] 获取更多信息。

4）分析

此提示词全面覆盖了产品说明书应包含的内容（产品概述、系统要求、安装步骤、功能介绍、注意事项、故障排除），并强调了图文并茂和通俗易懂的语言风格。这样的要求有助于确保产品说明书既全面又易于理解，提升用户体验。

ChatGPT 在不同职业场景中得到了广泛的应用，它有着强大的辅助能力。从研究员撰写深入的政策报告，到创业者写商业计划书；从品牌营销人员编织动人的品牌故事，到新媒体运营发布吸引人的推文；再到产品经理和技术人员编写详尽的产品说明书，ChatGPT 都以其精准的语言理解和生成能力，为各行各业的工作者提供了高效、专业的支持。这些实例不仅体现了 ChatGPT 的广泛适用性，也展示了其如何助力工作效率的提升和内容质量的增强，并在快速变化的市场环境中保持竞争力。通过合理的提示词设计和引导，ChatGPT 正逐步成为各行各业不可或缺的智能助手。

7 ChatGPT 的局限性和挑战

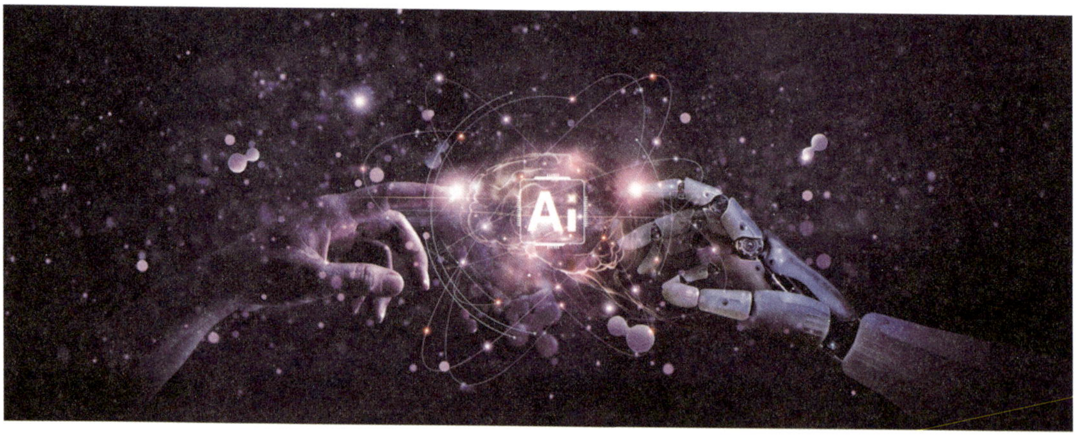

7.1 ChatGPT 在自然语言理解中的局限性和挑战

7.1.1 深度语义解析的局限

ChatGPT 在处理自然语言时，尽管已经具备了相当高的语言理解能力，但在识别和处理讽刺、反语等复杂语言现象时仍显不足。讽刺和反语通常依赖于语境、语调、文化背景以及说话者的意图，这些因素在文本交流中往往难以完全传达，尤其是在没有额外非语言信息（如面部表情、肢体语言）支持的情况下。

比如，用户说："这天气真是'凉爽'得让人想穿羽绒服。"在句子"这天气真是'凉爽'得让人想穿羽绒服"中，"凉爽"一词被用作反语，实际上表达的是天气非常寒冷的意思。对于人类读者来说，根据常识和语境，很容易识别出这种讽刺意味。然而，ChatGPT 在缺乏额外上下文信息和人类直觉的情况下，可能无法准确捕捉到这种非字面意义，从而误解句子的真正含义。

7.1.2 对话管理的挑战

ChatGPT，作为先进的自然语言处理模型，虽然能够生成流畅且富有表现力的对话，但在对话管理方面，特别是在长时间或复杂对话中，其缺乏上下文理解和对话语境把握的局限性逐渐显现。这种不足对维持对话的连贯性和主题一致性构成了显著挑战。

在自然语言交流中，上下文信息对于理解说话者的意图和话语含义至关重要。它包括了对话发生的环境、之前的对话内容、说话者的身份和关系以及文化背景等多个方面。ChatGPT 在处理对话时，虽然能够捕捉到部分上下文信息，但在整合、理解和运用这些信息以生成恰当回应方面仍存在不足。特别是在长时间对话中，随着信息的不断积累和变化，ChatGPT 可能难以持续追踪和维持一个完整的上下文模型，导致对话的连贯性受损。

假设一个用户与 ChatGPT 讨论旅游计划的对话场景。用户首先询问了某个目的地的天气情况，ChatGPT 给出了相应的回答。接着，用户询问了关于该目的地的住宿推荐，并特别提到了自己偏好安静且价格适中的酒店。然而，在后续的对话中，当用户询问关于当地美食的推荐时，ChatGPT 的回应可能并未充分考虑之前提到的住宿偏好，而是给出了一般性的美食推荐。这种情况下，由于缺乏对上下文信息的深入理解和运用，ChatGPT 的回答显得不够贴切和个性化。

7.1.3 对话语境把握的挑战

对话语境是指对话发生的具体环境、氛围以及参与者的情绪、态度等非物质因素。它对于理解和生成符合情境的对话内容至关重要。ChatGPT 在处理对话时，往往难以准确捕捉和把握对话的语境信息，导致生成的回应可能与当前对话的语境不符或显得突兀。这种语境把握的不足也进一步影响了对话的连贯性和主题一致性。

在一个对话场景中，用户可能因为某种原因（如工作压力大、心情不好）而与 ChatGPT 分享了自己的烦恼。此时，对话的语境是情感性的、私密的，并且需要一种倾听和理解的态度。然而，ChatGPT 可能无法准确识别这种语境变化，而是继续以客观、中立的态度给出一般性的建议或回应。这种回应可能无法真正满足用户的需求或情感需求，甚至可能加剧用户的负面情绪。

7.2 ChatGPT 在自然语言生成中的局限性和挑战

7.2.1 逻辑一致性问题

ChatGPT，作为当前自然语言处理领域的一个杰出代表，以其强大的文本生成能力吸引了广泛的关注。然而，在深入探索其性能时，我们不难发现，ChatGPT 在自然

语言生成方面的一个显著缺陷就是逻辑一致性的不足。这种不足体现在多个方面，严重影响了其生成文本的质量和可靠性。

ChatGPT 在生成文本时，虽然能够模拟出人类语言的流畅性和连贯性，但在构建复杂逻辑结构方面却显得力不从心。例如，在叙述一个包含多个因果关系、条件关系或转折关系的故事或论述时，ChatGPT 可能会忽略这些逻辑关系的细微差别，导致生成的文本在逻辑上出现断裂或矛盾。这种情况下，读者在阅读过程中可能会感到困惑或不解，因为文本中的信息并没有按照一个清晰、连贯的逻辑链条展开。

下面以一个简单的例子来说明 ChatGPT 在逻辑一致性方面的不足。假设我们要求 ChatGPT 生成一篇关于“人工智能对社会的影响”的论述文。在论述过程中，ChatGPT 可能会提到人工智能在经济结构的转型升级、就业市场的变革、社会服务的智能化等方面的积极作用。然而，在随后的段落中，它可能会突然转向讨论伦理道德等负面影响。如果 ChatGPT 没有在这些转折点之间建立起合理的逻辑联系或过渡，那么读者在阅读时就会感到突兀和不解，因为这两个观点在逻辑上并没有形成紧密的关联或递进关系。

我 生成一篇关于“人工智能对社会的影响”的论述文。

标题：人工智能：重塑社会面貌的深远影响

随着科技的飞速发展，人工智能（Artificial Intelligence，AI）已不再是科幻电影中的遥远概念，而是正以前所未有的速度渗透到我们生活的方方面面，深刻地改变着社会的面貌与未来。人工智能的广泛应用，既带来了前所未有的机遇，也伴随着一系列挑战与反思，其对社会的影响是多维度、深层次的。

一、经济结构的转型升级

人工智能技术的引入，极大地提高了生产效率，推动了产业结构的优化升级。在制造业领域，智能机器人、自动化生产线等技术的应用，降低了人力成本，提高了产品质量和产量，促进了“智能制造”的兴起。同时，AI还催生了新兴业态，如无人驾驶、智能家居、智能医疗等，为经济增长注入了新的活力。此外，AI技术还促进了数据经济的蓬勃发展，使得信息成为新的生产要素，推动了数字经济与实体经济的深度融合。

二、就业市场的变革

人工智能的广泛应用对就业市场产生了深远影响。一方面，AI技术替代了部分重复性高、技能要求低的工作岗位，导致部分劳动者面临失业风险。另一方面，AI也创造了大量新职业，如AI工程师、数据分析师、机器学习专家等，对高素质、高技能人才的需求急剧增加。因此，AI时代下的就业市场要求劳动者不断学习和提升自我，以适应新的职业要求和市场变化。

三、社会服务的智能化

人工智能在公共服务领域的应用，极大地方便了民众生活，提高了社会服务水平。在医疗领域，AI辅助诊断、个性化治疗方案等技术的应用，提高了医疗服务的精准度和效率。在教育领域，AI个性化教学、智能评估等系统的引入，使得教育更加个性化、高效化。在交通出行方面，自动驾驶技术的发展将极大减少交通事故，提高道路安全性和通行效率。此外，AI还在城市管理、环境保护等领域发挥着重要作用，推动了社会服务的智能化和精细化。

四、伦理与隐私的挑战

然而，人工智能的快速发展也带来了诸多伦理与隐私方面的问题。AI决策的不透明性和偏见可能导致不公平现象的发生，如何确保AI系统的公正性和透明度成为亟待解决的问题。同时，随着大数据的广泛应用，个人隐私泄露的风险也随之增加，如何平衡技术发展与个人隐私保护成为社会各界关注的焦点。

五、结语

综上所述，人工智能作为一场深刻的技术革命，正以前所未有的力度重塑着社会的面貌。它既是推动经济社会发展的重要引擎，也是引发深刻变革的重要力量。面对 AI 带来的机遇与挑战，我们需要以开放包容的心态去拥抱这一技术潮流，同时加强法律法规建设，完善监管体系，确保 AI 技术健康、有序、可持续地发展，为构建更加美好的未来贡献力量。

为了克服这一挑战，我们需要不断优化 ChatGPT 的算法和模型结构，提高其处理复杂逻辑和语境的能力；同时，我们也需要在使用 ChatGPT 时保持谨慎和批判性的态度，对其生成的文本进行仔细的检查和验证。

7.2.2 偏见和歧视问题

在自然语言处理领域，尤其是在像 ChatGPT 这样的生成式 AI 模型中，偏见和歧视问题是一个不容忽视的重要议题。由于 ChatGPT 的训练数据主要依赖于人类编写的语料库，这些语料库中固有的文化和性别等偏见不可避免地会对模型的输出产生影响。

1. 偏见问题

语料库作为 ChatGPT 学习的基础，其内容的多样性、平衡性和无偏见性对模型的输出质量至关重要。然而，现实情况是，人类编写的语料库往往受到社会、文化和历史等多重因素的影响，不可避免地包含了各种各样的偏见。例如，在某些文化中，女性可能被描绘为更加温柔、依赖和家庭导向，而男性则被赋予更多的领导力和决策权。这种性别刻板印象如果大量存在于训练数据中，ChatGPT 在生成文本时就有可能无意识地反映出这些偏见。

假设用户要求生成一篇关于职场领导的文章。由于训练数据中可能存在性别偏见，ChatGPT 可能会更倾向于将男性描述为具有领导才能和决策力的角色，而女性则可能更多地被安排在支持性或辅助性的岗位上。这种输出不仅强化了性别刻板印象，还可能对读者产生误导，认为某些职业或角色只适合特定性别，从而造成对特定群体的歧视和不公正对待。

2. 数据不平衡

除了文化和性别偏见外，数据不平衡也是导致 ChatGPT 生成偏见文本的一个重要原因。在现实世界中，由于各种社会、经济和历史原因，某些群体的声音和经历可能没有得到充分的代表和记录。这种不平衡在训练数据中如果得不到纠正，就会导致ChatGPT在生成相关文本时表现出对这些群体的忽视或偏见。

考虑一个关于社会问题的讨论，如气候变化对贫困地区的影响。如果训练数据中关于贫困地区的声音和经历非常有限或完全被忽略，那么ChatGPT在生成相关文本时可能无法准确反映这些地区的实际困境和需求。相反，它可能会更多地关注那些在经济和社会地位上更具优势的群体的视角和利益，从而加剧社会不平等和偏见。

7.3 局限性和挑战的原因分析

自然语言处理（NLP）领域近年来取得了显著进展，但仍面临诸多局限性和挑战。这些挑战主要源于数据、算法与模型以及实际应用场景三个方面，下面将围绕这三个方面展开详细论述。

7.3.1 数据的质量和多样性

1. 数据质量

高质量的数据是训练有效NLP模型的基础。然而，现实中收集到的数据往往包含噪声、错误或不一致性，这些因素会直接影响模型的性能。例如，在情感分析任务中，标注者的主观性差异可能导致数据标签的不一致性，进而影响模型的准确性。此外，数据中的偏见问题也是一大挑战，如性别、种族等敏感信息的偏见，可能导致模型在特定群体上表现不佳，甚至加剧社会不公。

2. 数据多样性

NLP技术的泛化能力很大程度上依赖于训练数据的多样性。然而，由于收集成本高昂、资源分配不均等原因，现有的数据集往往无法全面覆盖所有语言、方言、领域及用户群体。这种局限性限制了模型在跨语言、跨领域等场景下的应用效果。例如，针对低资源语言或特定行业术语的 NLP 任务，由于缺乏足够的训练数据，模型性能往往大打折扣。

7.3.2 算法和模型的复杂度

1. 计算资源限制

随着深度学习技术的发展，NLP 模型变得越来越复杂，对计算资源的需求也急剧增加。训练大型语言模型需要高性能的 GPU（Graphics Proccessing Unit，图形处理器）集群和长时间的训练周期，这对于许多研究机构和企业来说是一大障碍。此外，模型推理时的计算成本也不容忽视，特别是在实时应用场景中，对计算效率的要求更高。

2. 模型可解释性

虽然深度学习模型在 NLP 任务中表现出色，但其决策过程往往难以解释，这限制了模型在需要高透明度和可解释性的领域（如医疗、法律等）的应用。缺乏可解释性不仅影响用户对模型的信任度，也增加了模型调试和优化的难度。

3. 模型泛化能力

尽管 NLP 模型在特定任务上取得了优异成绩，但其泛化能力仍有待提高。模型往往容易过拟合于训练数据，难以有效应对未见过的输入或变化中的任务需求。这要求我们在模型设计和训练过程中更加注重泛化能力的提升。

7.3.3 对话场景的复杂性

1. 多轮对话管理

在真实的对话场景中，用户与系统的交互往往涉及多个轮次，且每个轮次之间可能存在复杂的依赖关系。如何有效地管理这些依赖关系，确保对话的连贯性和一致性，是当前 NLP 技术面临的一大挑战。此外，对话中的话题转换、情绪变化等因素也增加了对话管理的难度。

2. 上下文理解

在自然语言交流中，上下文信息对于理解对话内容至关重要。然而，现有的 NLP 技术在捕捉和处理长距离依赖、隐式信息等方面仍存在不足。这导致模型在理解复杂对话时容易出现误解或遗漏重要信息的情况。

3. 多模态交互

随着技术的发展，用户与系统的交互方式不再局限于文本输入。语音、图像、视频等多模态信息的引入为 NLP 技术带来了新的机遇和挑战。如何有效地整合和处理这些多模态信息，实现更加自然、流畅的交互体验，是当前 NLP 领域的研究热点之一。

综上所述，数据的质量和多样性、算法和模型的复杂度以及对话场景的复杂性是制约 NLP 技术发展的三大主要因素。未来，随着技术的不断进步和资源的不断投入，我们有理由相信这些挑战将逐步得到解决，NLP 技术将在更多领域发挥更大的作用。

7.4 展望

ChatGPT，作为自然语言处理领域的杰出代表，已经在语言理解与生成方面取得了显著突破。但这并不意味着它已经完美无缺。事实上，ChatGPT 仍面临诸多局限与挑战，例如在深层次语义理解上的欠缺、复杂对话场景中的管理难题、对多语种支持的不足、生成内容逻辑连贯性的波动、潜在的偏见与歧视问题以及生成内容多样性的限制等。这些问题的根源是数据集的广度与深度不足，算法与模型设计的复杂性，以及实际应用中对话场景的多变性和不可预测性。

为了克服这些障碍，需持续深化对自然语言处理技术的研究与创新。具体而言，应致力于构建更加丰富多样、高质量的数据集，以支持模型在更广泛的语言现象和情境下的学习；同时，探索并应用更为先进、高效的算法与模型架构，以提升模型的语义理解、对话管理以及多语言能力；此外，还需加强对话管理系统的智能化程度，使其能够更加灵活、准确地应对各种复杂的对话场景。

在推动技术发展的同时，亦需保持清醒的头脑，充分认识到自然语言处理技术在现实应用中的局限性。为此，应积极寻求并研究新的技术路径与方法论，以不断拓展自然语言处理技术的边界，促进其更加广泛、深入的应用。通过不懈努力与探索，我们有理由相信，自然语言处理技术将在未来迎来更加辉煌的发展前景。

ChatGPT 已经在自然语言理解和生成方面取得了令人瞩目的进展。它不仅能够生成流畅、连贯的文本，还能在一定程度上理解复杂语境下的对话内容，为智能客服、内容创作、教育辅导等多个领域带来了革命性的变化。然而，正如前文所述，ChatGPT 及其同类技术仍面临着一系列亟待解决的限制和挑战，这些问题能否解决将直接关乎自然语言处理技术的未来发展方向和应用前景。

总之，自然语言处理技术的发展前景广阔而充满挑战。我们需要不断加强对该领域的研究和探索力度，通过技术创新、数据优化、伦理监管等手段来克服现有局限性和挑战。同时，还需要积极拥抱出现的新技术、新应用和新场景，以推动自然语言处理技术的持续进步和广泛应用。

8 ChatGPT 的未来发展

8.1 科技进步，ChatGPT 更加智能和全面

8.1.1 ChatGPT 的诞生

ChatGPT，作为一项基于深度学习的自然语言处理技术，它的能力确实令人印象深刻，能够生成类似人类真实对话的文本，涵盖问答、文章撰写、对话等多种场景。让我们沿着时间的脉络，探索 ChatGPT 的发展历程。

1. BERT 的诞生：自然语言处理的新篇章

故事始于 2015 年，当时谷歌推出了 BERT（Bidirectional Encoder Representations from Transformers）。BERT 的出现，标志着自然语言处理技术的一次重大飞跃。与传统的单向语言模型不同，BERT 通过双向 Transformer 编码器，能够更全面地理解和处理上下文信息，显著提升了语言模型的性能。

2. RoBERTa 的进化：持续优化

随后，2018 年 Facebook 推出了 RoBERTa（A Robustly Optimized BERT Pretraining Approach）。RoBERTa 在 BERT 的基础上进一步优化，通过动态掩码机制和更大的训练数据集，提高了对长序列数据的处理能力，使得模型在多项自然语言处理任务上取得了更好的效果。

3. GPT-3 的突破：能力边界的扩展

到了 2019 年，OpenAI 发布了 GPT-3（General Pretrained Transformer 3），这是一

个具有巨大参数量的模型，它不仅继承了 RoBERTa 的优势，还通过自回归和 Transformer 编码器进一步提升了性能。GPT-3 能够处理更加复杂的语言任务，生成连贯、准确的文本，引起了业界的广泛关注。

4. ChatGPT 的应用：智能服务的新纪元

2020 年 5 月，微软亚洲研究院推出了基于 GPT-3 模型的应用——ChatGPT。ChatGPT 继承了 GPT-3 的强大架构和算法，能够生成高质量的文本内容，为用户提供问答、聊天、自动摘要、机器翻译等多样化服务。ChatGPT 的应用推动了自然语言处理技术的进一步发展，为人们带来了更加便捷和智能的交互体验。

然而，需要强调的一点，ChatGPT 和 GPT-3 虽然在技术上有联系，但它们是两个不同的实体。GPT-3 是由 OpenAI 开发的，而 ChatGPT 则是微软亚洲研究院基于类似技术推出的应用。两者都代表了自然语言处理领域的最新进展，展示了 AI 技术在理解和生成自然语言方面的巨大潜力。

随着技术的不断进步，我们可以预见，ChatGPT 和类似的语言模型将继续进化，为人类社会带来更多创新的应用和服务。

8.1.2 进化中的 ChatGPT

自 ChatGPT 首次亮相以来，它经历了不断的迭代和进化，从 GPT-3.5 到 GPT-4.0，再到 GPT-4.0o，每一次升级都带来了显著的性能提升和功能改进。

1. GPT-3.5 与 GPT-4 的传统对话模式

在早期版本中，如 GPT-3.5 和 GPT-4 中，对话模式通常需要经过几个步骤：首先将音频转录为文本，然后模型接收文本并输出文本，最后再将文本转换回音频。这个过程不仅效率较低，而且会导致信息的丢失。因为模型无法直接感知音调的变化、多个说话者的声音或背景噪音，也无法以笑声、歌唱或表达情感的方式进行回应。此外，这些模型的响应延迟相对较长，GPT-3.5 的平均响应延迟为 2800 毫秒，而 GPT-4 则为 5400 毫秒。

2. GPT-4o 的突破性进化

GPT-4o 的出现是一个重要的转折点。这个版本能够将所有输入和输出交由同一个神经网络处理，实现了跨文本、视觉和音频的端到端实时推理。这种多模态交互能力能将模型的最小响应延迟降至 232 毫秒，平均响应延迟为 320 毫秒，接近人类日常对话的反应时间。此外，它还能够接受文本、音频和图像的混合输入，快速完成推理。

3. 多模态端到端实时推理的优势

GPT-4o 的这种能力意味着它可以更自然地与人类进行交流，理解上下文，并提供更加丰富和精确的回应。比如，之前我们提到的 ChatGPT 会出现的一些问答错误，在高级版本中在逐步修复；再比如，在处理客户服务查询时，GPT-4o 可以同时分析用户的文本输入、语音语调和上传的图像，所以它能够更好地理解用户的实际意图，从而给出更适合的回答。

4. 未来展望

随着技术的不断发展成熟，未来的 ChatGPT 将变得更加智能。它们将具备更高级的语言理解能力，更自然的语言生成能力，以及更强大的多模态交互能力。这些进步不仅将进一步提升用户体验，还将为各行各业带来变革。

ChatGPT 的发展历程是一个不断探索和创新的过程。从最初的文本处理到如今的多模态交互，每一步都体现了人工智能技术的飞速发展。随着研究的深入和技术的突破，未来的 ChatGPT 将更加智能，更加人性化。

8.2 个性化定制

8.2.1 为什么要定制

为了满足不同区域、不同背景人群的独特需求，聊天机器人的“可操控性”显得尤为重要。“个性化定制”功能允许用户为聊天机器人设定一系列要求，这些要求将作为新聊天的预设背景，从而提升用户体验并减少重复设置的需要。

通过设定系统级别的“提示词”，用户可以在“用户是谁”和“对机器人有什么要求”两个方面进行自定义。例如下面的两张操作示意图①，一位六年级科学课的老师在寻求备课资料时，可以要求机器人以表格形式提供适合小学生理解的科学主题讨论的优劣分析。这样的定制化指令能够更加精准地满足用户的具体教学需求。而如果不使用个性化定制，ChatGPT 就只会一股脑地丢出一堆专有名词，而不会提供更加具体的解决办法。

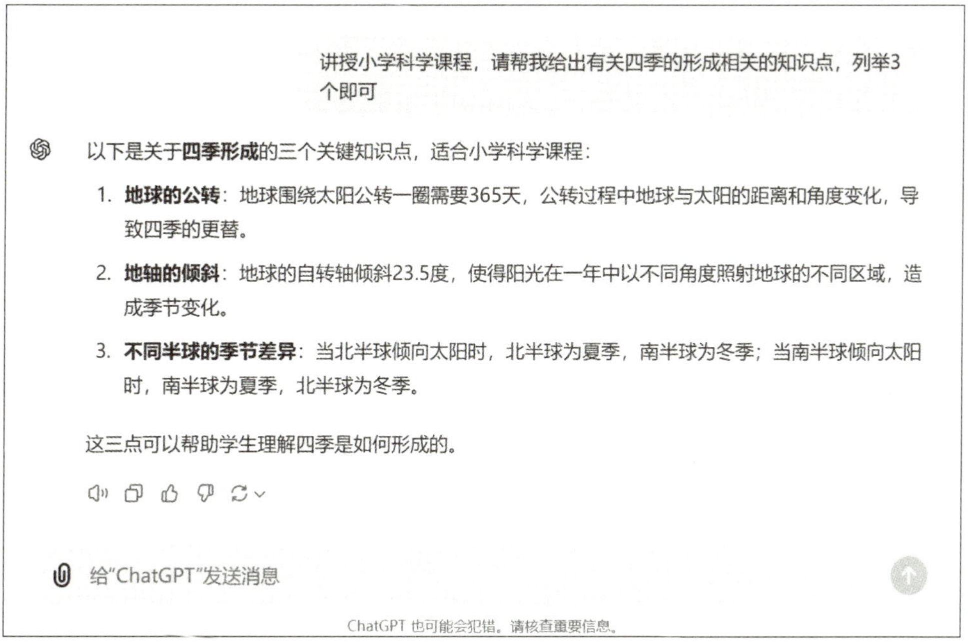
讲授小学科学课程，请帮我给出有关四季的形成相关的知识点，列举3个即可

以下是关于**四季形成**的三个关键知识点，适合小学科学课程：

1. **地球的公转**：地球围绕太阳公转一圈需要365天，公转过程中地球与太阳的距离和角度变化，导致四季的更替。
2. **地轴的倾斜**：地球的自转轴倾斜23.5度，使得阳光在一年中以不同角度照射地球的不同区域，造成季节变化。
3. **不同半球的季节差异**：当北半球倾向太阳时，北半球为夏季，南半球为冬季；当南半球倾向太阳时，南半球为夏季，北半球为冬季。

这三点可以帮助学生理解四季是如何形成的。

给“ChatGPT”发送消息

ChatGPT 也可能会犯错。请核查重要信息。

① 本章内容中的屏幕截图均为操作示意图。

讲授小学科学课程，请帮我给出有关四季的形成相关的知识点，列举3个即可

讲授四季形成的知识点时，以下是适合小学生理解的三个关键知识点：

知识点	解释
1. 地球的倾斜轴	地球自转时，轴是倾斜的，约23.5度。这个倾斜让不同的地区在一年中的不同时间受到不同的阳光照射，从而产生四季。
2. 地球绕太阳公转	地球一年绕太阳转一圈（约365天），在公转过程中，不同时间地球的不同部分会朝向或背离太阳，这导致季节的变化。
3. 太阳光角度	在夏天，太阳光直射区域较多，因此天气较热；而在冬天，太阳光斜射，阳光强度较低，天气较冷。春秋季节则介于两者之间。

这三个知识点能够帮助小学生初步了解四季的形成原因。

用户还可以预设自己的身份和期望机器人遵循的特定指令。比如，一位软件程序员可能要求机器人使用特定的编程语言（如 Java）回答问题，而无需进行解释；或者用户可以指定自己的位置，以便机器人推荐的菜谱更加符合当地的饮食习惯。

根据实测，个性化定制功能显著减少了 ChatGPT 理解用户需求的步骤。

例如，当用户要求 ChatGPT 扮演具有教育行业经验的心理咨询师，并在回答中包含图表时，机器人能够更自然地融入角色，并提供更加深入和具体的建议。

在没有使用定制化指令的情况下，ChatGPT 可能会给出一些笼统的建议，如“自我反思”或“寻求帮助”。而在预设了具体指令之后，ChatGPT 不仅能够更深入地理解教育行业，还能够按照用户的期望，以心理咨询师的身份提供专业意见，并最终以图表形式总结答案。

尽管这只是一个初步的试用，但 OpenAI 的评论区中已经有用户表示这项功能使他们能够定制化 ChatGPT 的写作风格，避免了重复输入提示词的繁琐。许多用户认为这只是 ChatGPT 个性化、定制化发展的开始，期待未来将有更多创新和改进。

8.2.2 如何定制

“Custom instructions”（自定义指令）功能是 ChatGPT 的一项创新特性，它就像是给你和 ChatGPT 之间的对话加上了个性化的滤镜。你可以根据自己的喜好来调整这个滤镜，让对话更加符合你的期待。

请问我总是感觉我的大学室友对我不是特别友好，这种情况该怎么办？

如果你感觉你的大学室友对你不太友好，处理这种情况时可以考虑以下几个方面：

1. 自我反思

- **审视问题来源**：先从自己的角度出发，考虑你们的互动是否有误解或可能导致对方不满的行为。
- **观察对方行为的原因**：有时候，室友可能因为生活压力或个人问题表现得冷淡，而并非针对你。

2. 保持沟通

- **坦诚交流**：如果你感到关系紧张，可以找一个合适的时机和室友进行开诚布公的谈话，了解对方的想法。避免指责，可以用"我感觉..."的方式表达自己的感受。
- **寻求理解**：尝试理解室友的感受，询问他们是否有任何不满，表现出你愿意解决问题的态度。

3. 界限与尊重

- **尊重彼此的生活习惯**：有时候，生活中的小事（如打扫卫生、保持安静等）会引发矛盾，确保自己尊重室友的生活习惯，建立健康的界限。
- **避免过度干涉**：尊重对方的私人空间，不要强求过多的互动。如果对方本身性格内向或喜欢独处，可能并不是针对你。

4. 培养独立社交圈

- **建立其他友谊**：在大学生活中，室友并不是唯一的社交对象，建立其他的友谊可以让你不再过于依赖与室友的关系，从而减轻心理压力。
- **参与集体活动**：通过社团、班级活动等方式扩大你的社交圈，可能会让你遇到志同道合的朋友。

5. 寻求帮助

- **寻求第三方调解**：如果你们之间的矛盾无法通过沟通解决，学校的宿舍管理部门或辅导员可以帮助调解冲突。
- **专业帮助**：如果你感觉情绪压力过大，可以考虑寻求心理咨询，帮助你更好地处理这段关系中的困扰。

6. 调整心态

- **接受人际差异**：室友未必会成为你的亲密朋友，接受这种人际差异也许会让你心情放松。
- **保持乐观**：保持积极心态，专注于自己的学习和生活，减少对室友态度的过度关注。

你可以试着从这些方面入手，找到适合的方式处理室友关系。

它赋予了用户更高的控制权，使用户能够根据自己的特定需求和喜好定制化机器人的回应。通过提供个人信息和喜好，用户可以让 ChatGPT 生成更贴合的回答，包括但不限于职业背景、写作风格、语气偏好以及个人兴趣等，从而获得他们所需要的信息和帮助。

请问我总是感觉我的大学室友对我不是特别友好，这种情况该怎么办？

记忆已更新

感到室友不友好是一种很常见的困扰，尤其是在适应新的大学生活时。你可以尝试以下几步，帮助缓解这个问题：

1. 自我觉察与分析

先问问自己：为什么会觉得室友不友好？是因为具体的言语、行为，还是仅仅是氛围？有时我们的情绪或焦虑可能会影响我们对他人行为的解读。

自我分析表格：

感觉不友好的情况	具体事件或行为	是否有其他解释可能？
室友不和我说话	室友看手机时我打招呼，对方没回应	室友是否没注意到？
室友总和其他人聊天，不和我聊	他们聊得很开心，但很少提到我	我有没有主动加入话题？

2. 积极沟通

主动与室友沟通是解决问题的关键。你可以在轻松的环境下尝试发起对话，先聊一些大家都感兴趣的话题，或分享生活中的小趣事，逐步加深彼此的了解。

试着在沟通时运用 "我感觉..." 的句式，而不是 "你如何..."，这样可以避免对方产生防御心理。例如：

- “我感觉有时我们好像不太聊得来，我有点困惑，不知道怎么融入。”

3. 寻找共同点

寻找大家都感兴趣的活动，比如一起去吃饭、运动或游戏，这可以增进彼此的关系。

4. 理解不同的相处方式

每个人的性格和表达方式都不同。有人喜欢主动交际，有人则习惯保持距离。你可以通过观察和理解他们的相处方式来调整自己的期望。

5. 调整心态

室友的态度有时可能和你个人无关，可能是他们自己的压力、性格或其他原因造成的。保持一个积极的心态，多关注自己在学习、生活中的成长与快乐。

你可以先从分析具体情况开始，看看是否存在误会，然后再逐步通过沟通和互动改善关系。如果你愿意，接下来可以具体讨论一个事件或情境，我们一起分析！

你还可以选择让 ChatGPT 了解你的一些信息和立场，从而让它的答案无限贴近你的需求。

下面是定制时推荐提供的信息。

1. 您希望 ChatGPT 了解您的哪些信息以便提供更好的回复？

①你在哪里？

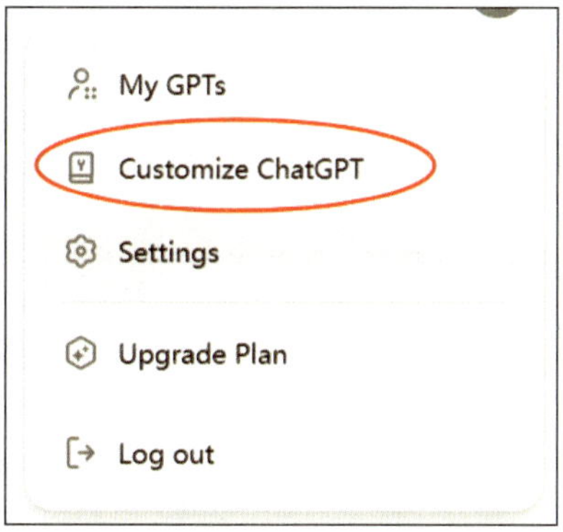

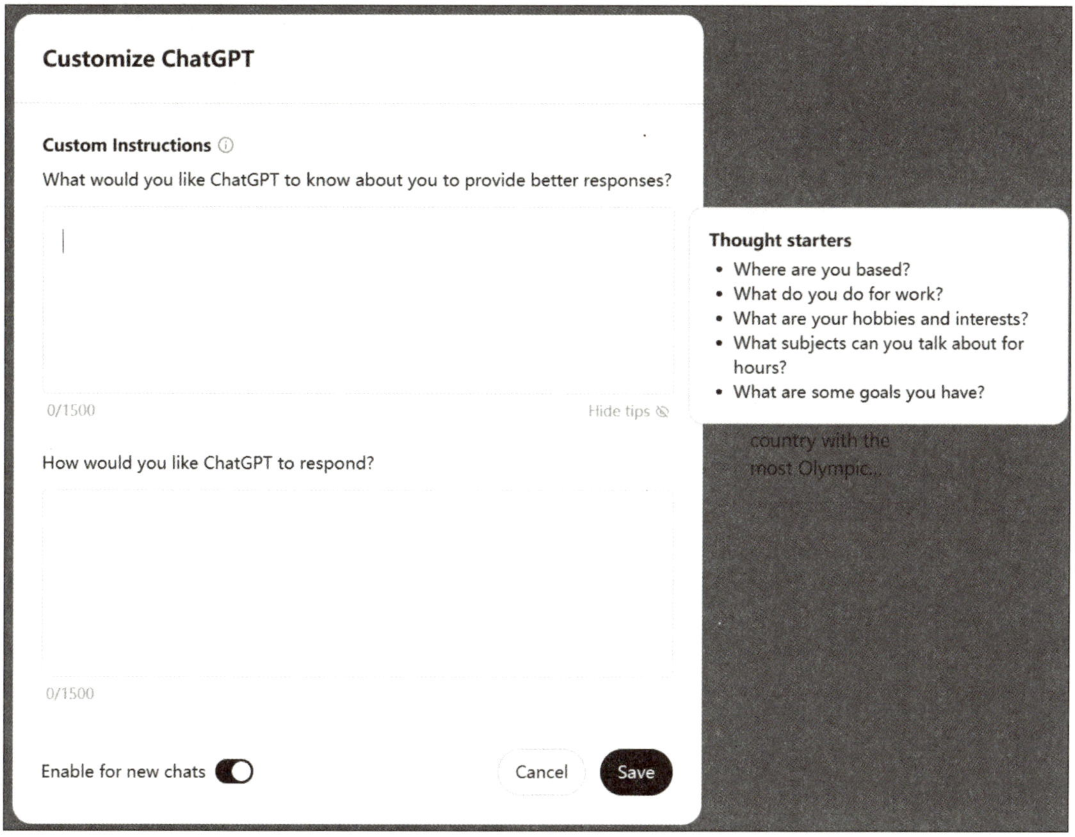

②你的工作是什么？

③你的爱好和兴趣是什么？

④你可以花几个小时谈论哪些话题？

⑤你有哪些目标？

2. 您希望 ChatGPT 如何回应？

①ChatGPT 应该是正式还是休闲？

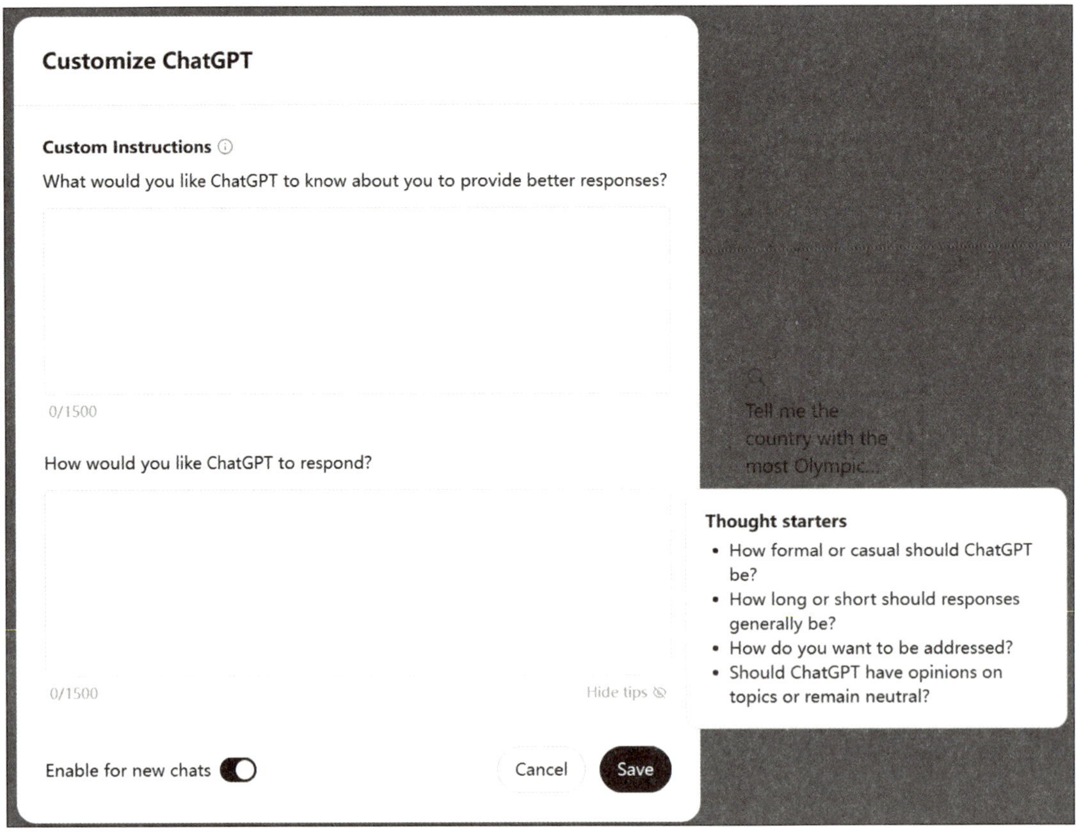

②一般回复应该多长或多短？

③您希望如何被称呼？

④ChatGPT 是应该对主题发表意见还是保持中立？

经过定制的 ChatGPT，每次你和它聊天时，它都能根据你之前设定的喜好和风格来调整回答，让你们的对话更加流畅，也更符合你的期待。

定制化的 ChatGPT 也能够迅速地适应你的沟通风格，无论是正式的商务对话，还是轻松的日常闲聊，它都能游刃有余。

这样的定制体验，让你和 ChatGPT 之间的互动不再是单向的信息交流，而是更加生动、有趣、具有个性化的对话。每次聊天，都像是和一位了解你、能够与你共鸣的老友相聚，让沟通变得更加愉快和富有成效。

8.3 创新应用

8.3.1 移动端小助手

ChatGPT 正在集成到苹果 iOS、iPadOS 和 macOS 操作系统中，允许用户访问时直接通过上述操作系统使用 ChatGPT 图像和文档生成功能，而无需在工具之间进行跳转。

这无疑是一个非常好的创意，又为 ChatGPT 开创了新的应用场景。将来我们的手机都会有一个这样的智能小助手，当你有任何问题的时候，发送给你的智能小助手 ChatGPT，它会很快为你送上你想要的文字答案，或者即刻生成一些图片和视频……听上去就让人跃跃欲试，对不对？

8.3.2 PC 小助手

除了移动端可以集成 ChatGPT，PC（personal computer，个人电脑）端也同样可以加入这个这能小助手。把你的个人电脑变成 AI 智能 PC。

集成 ChatGPT 后，你不需要再次访问 ChatGPT 网站，也可以借助它来办公，在开机后就可以直接运行这个智能小助手，有什么问题只管来问，例如生成一个 PPT 的大纲，给出各种建议……

AI 智能 PC 一定会让你的办公、生活更加方便，节约你的很多时间。

8.3.3 App 更智能

ChatGPT 作为一项 AI 技术，它可以植入到 App 中，目前这种带有 AI 的 app 正在成为提升用户体验和增强功能的关键策略。

在电商领域，app 通过分析用户的购物习惯和偏好，提供个性化的商品推荐。这不仅增加了用户的满意度，还提高了购买转化率。智能客服的加入，使得用户能够随时获得问题解答，无论何时何地，都能得到及时的反馈和支持，极大地提升了服务效率和用户满意度。

语音助手的集成，使用户能够通过简单的语音命令完成复杂操作，这种交互方式的便捷性，对于视力不佳或双手忙碌的用户来说显得尤为重要。图像识别技术的应用，让社交媒体 app 能够自动识别和标记图片内容，简化了用户管理和搜索图片的过程。

健康和健身 app 通过分析用户的健康数据，提供定制化的建议，帮助用户更科学地管理自己的健康和锻炼计划。内容审核方面，AI 技术的应用大大提高了审核的准确性和速度，为维护网络环境的安全和健康提供了有力保障。

智能编辑功能在视频编辑 app 中显得尤为突出，它能够自动识别视频中的高光时刻，并提供自动剪辑和增强，即使是视频编辑新手也能制作出专业水准的作品。所有这些案例都表明，AI 技术的应用不仅优化了用户的体验，提高了服务和产品的质量，还为企业带来了新的商业模式和增长机会。

随着 AI 技术的不断发展，我们可以预见，未来的 app 将会更加智能，更能满足用户的个性化需求，同时，AI 也将在保障用户数据安全、促进商业模式创新等方面发挥更大的作用。这种技术的融合，无疑将推动整个行业向着更加智能、高效和用户友好的方向发展。

9 生成式人工智能的大家庭

9.1 Kimi

9.1.1 Kimi 是什么

Kimi 也是一款类似 ChatGPT 的生成式人工智能产品，由月之暗面科技有限公司（Moonshot AI）推出。它以其卓越的语言处理能力，为用户提供了一种全新的交流体验。Kimi 不仅能够理解并流畅地使用中文和英文进行对话，还能够阅读和解析用户上传的多种格式文件。Kimi 的设计使其能够处理大规模的文本数据，只要总字数不超过 20 万字。它还能利用互联网资源，通过搜索来丰富自己的回答，通过这种方式提供更加全面和准确的信息。

9.1.2 Kimi 的特别之处

Kimi，是由月之暗面科技有限公司开发的 AI 助手，正在以其一系列创新功能引领智能辅助的新潮流。

它的智能搜索功能，就像是拥有超能力的侦探，能够迅速穿梭于信息的海洋，捕捉最相关、最实时的数据，为用户提供答案，并透明地展示信息的来源，以确保信息的可靠性和对话的深度。

在高效阅读方面，Kimi 具有较高的速度与精准度，无论是厚重的学术著作还是冗长的商务文件，它都能迅速提炼出核心要点，跨越语言的界限，为用户带来清晰的理解和深入的分析。

Kimi 的专业解读文件能力，让它在处理各类专业文档时游刃有余，能够快速地摘要、翻译和解答用户上传的 PDF、Word、Excel、PPT、TXT 等格式的文件，成为专业人士的得力助手。

当面对繁杂的资料整理工作时，Kimi 的整理资料功能能够大显身手，智能识别和提取关键信息，将复杂的数据转化为一目了然的要点，提升工作效率。

在辅助创作上，Kimi 能够激发用户的创意思维，根据提供的资料和指令，帮助用户构建大纲、延伸思路、创作文案，甚至撰写各类报告和方案，成为创意过程中的灵感源泉。

对于编程领域的专业人士，Kimi 的编程助手功能同样表现出色。它能够解析 API 文档，定位关键信息，并根据用户需求生成代码段，支持多种编程语言的 Debug 工作，提高了编程工作的效率。

Kimi 的这些功能亮点，不仅体现了其技术实力，也展现了它在提升工作效率、优化信息处理和激发创意方面的潜力。无论是在专业领域还是创意工作中，Kimi 都能够成为用户的强大伙伴。

9.1.3 谁可以使用 Kimi

Kimi 作为人工智能助手，和前面说到的 ChatGPT 一样，可以服务于各行各业的专业人士，满足他们在日常工作中的特定需求。

1. 学术科研人群

Kimi 能成为他们探索知识海洋的得力伙伴，快速阅读并深入理解大量文献，用母语精准捕捉文献要点，解释复杂的学术概念，分析研究结果。它还能在撰写论文和回应审稿人建议时提供支持，让科研工作更加高效。

2. 互联网从业者

在信息搜集、竞品分析、运营策划等方面，Kimi 能提供高效的辅助，帮助他们快速整理信息，提炼洞察，为方案撰写提供信息基础。

3. 程序员

Kimi 是他们的技术助手，无论是编程学习、问题解答、代码注释还是 API 文档阅读，Kimi 都能提供实时帮助。它支持 Python、C ++、Java 等多种编程语言，助力程序员解决技术难题，提升编程效率。

4. 自媒体与内容创作者

Kimi 能够帮助他们学习并掌握特定风格，激发创作灵感，快速搜集创作素材，提供丰富的资料支持，让内容创作过程更加顺畅和有趣。

5. 法律从业人员

Kimi 将在处理案件资料、整理证据、梳理法律政策方面展现出高效率，协助相关人员撰写法律文书和报告，显著提升法律工作的质量和速度。

Kimi 的适用人群广泛，它的功能亮点为不同领域的专业人士提供了个性化、高效率的工作支持，成为他们在职场上的智能伙伴。

9.1.4 Kimi 使用指南

Kimi 的使用入口有手机端和网页端两种。

手机端，如下方示意图所示①，可以在各大应用市场，或者微信小程序搜索“Kimi 智能助手”使用。

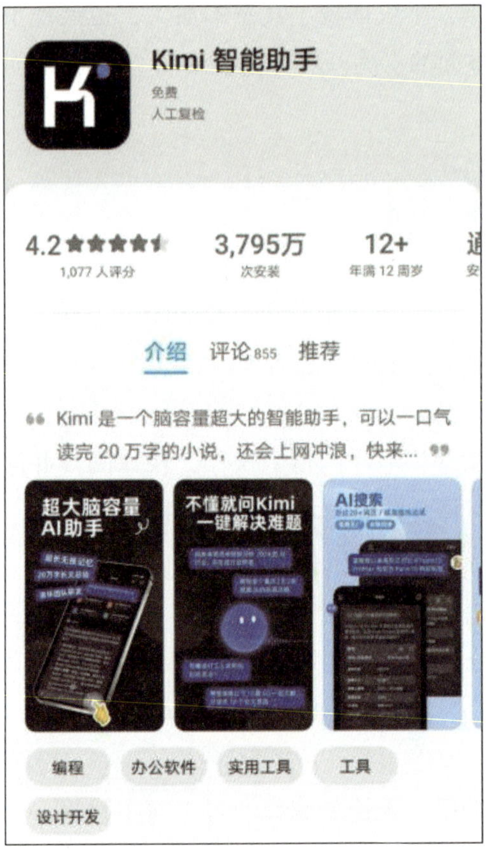

网页端使用，打开网址即可：https://kimi. moonshot. cn

① 本章内容中的屏幕截图均为操作示意图。

1. 智能对话

如同 ChatGPT 一样，Kimi 也可以进行智能对话，打开 Kimi 试一试，你会发现，它的理解力和中文处理能力非常出色。

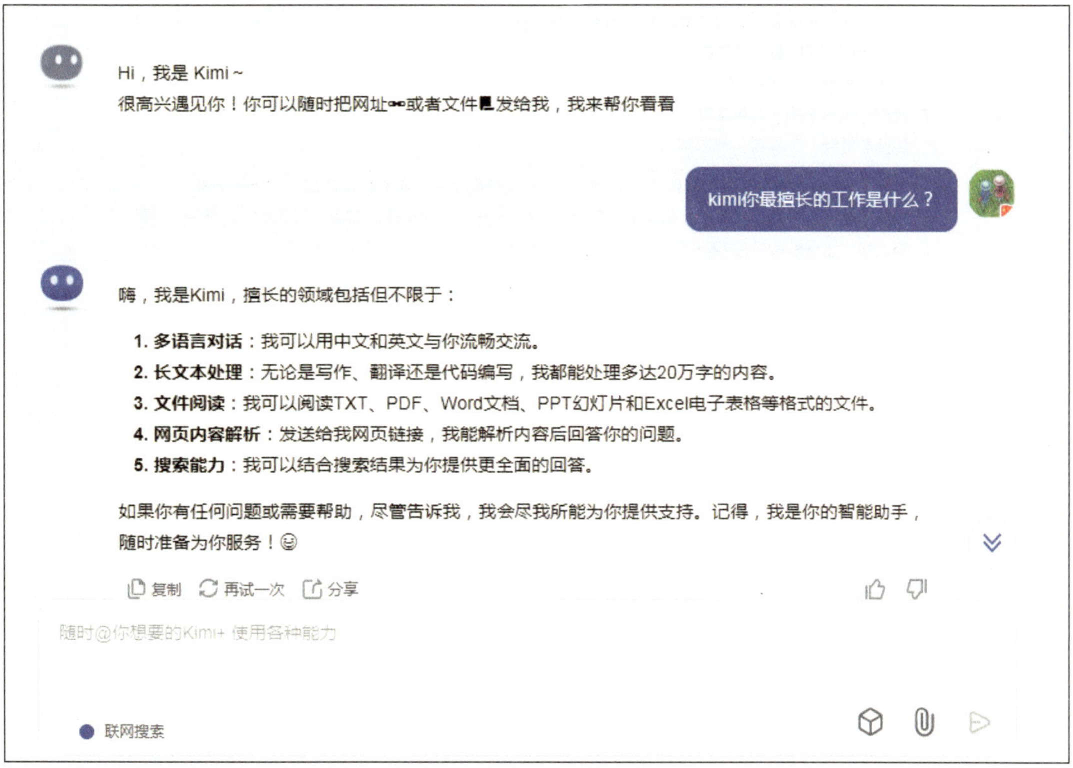

2. 智能搜索

Kimi 具备搜索能力，能够访问互联网并获取信息，然后结合这些信息提供答案。这样可以节省整理信息的时间，并且可以提供更快速、更准确的回答。如果遇到问题，无论是需要搜索网络上的信息，还是需要处理文件、翻译文本等，都可以借助 Kimi 完成。

3. 文档解读

Kimi 可以处理多种格式的文件和图片，包括但不限于 PDF、Word 文档、Excel 电子表格、PPT 幻灯片和 TXT 文件。用户可以上传文件，Kimi 能够提供摘要、翻译、答疑等服务，我们来看看效果吧。

Kimi的多语言对话与文件阅读能力

整理这些文件的核心内容

简论体育游戏在学校体...
PDF, 1.28 MB

这篇文章的核心内容是探讨体育游戏在学校体育教学中的应用及其价值。以下是文章的主要观点和结构摘要：

1. **引言**：介绍了体育游戏在新课程改革背景下的重要性，强调了"快乐体育"和"健康体育"的理念。
2. **体育游戏的特点**：包括思想教育性、趣味灵活性、寓意情境性、集体群众性和社会教育性五个方面。
3. **体育游戏在学校体育教学中的价值定位**：
   - **显性价值**：
     - 增进学生间的友谊。
     - 提高竞争意识。
   - **隐性价值**：
     - 缩短师生间距离。
     - 强化综合素质。
4. **体育游戏的应用与实践**：
   - 精选体育游戏项目，包括自创体育游戏、开发民间体育游戏和新兴体育游戏。
   - 体育游戏实践的步骤，包括课堂准备、分组、教师与学生的共同参与和放松阶段。
   - 建立体育游戏实施保障，包括场地设施保障和动态监测机制。
5. **结论**：体育游戏在学校体育教学中的应用具有重要意义，能够挖掘其独特魅力，为学生成长提供支持，推动体育教学的改革与创新。
6. **参考文献**：列出了相关研究文献，以支持文章的观点。

文章强调，通过合理地融入体育游戏，可以提高学校体育教学的质量和学生的综合素质，同时也促进了体育教学的创新和改革。

随时@你想要的Kimi+ 使用各种能力

请输入你的问题

联网搜索

内容由 AI 大模型生成，请仔细甄别

9.2 文心一言

9.2.1 文心一言的特点

文心一言具有较强的多模态内容生成能力。其核心技术不仅包括文本生成，还包括语音识别、图像识别等，展现了其在多模态信息处理方面的强大能力。文心一言的应用涵盖了自然语言处理、深度学习等多个方面，使其能够理解和生成人类语言，高效地完成文字创作、翻译、摘要提取等任务。此外，文心一言还具备多模态融合的能力，能够处理图像、语音、文字等多种形式的信息，并通过跨模态交互模型将不同模态的信息融合在一起，提供更加丰富和多样化的输出。在应用上，文心一言被广泛应用于广告设计、虚拟主播和游戏角色设计等领域。

9.2.2 如何使用

PC 机通过访问 https://yiyan.baidu.com/即可使用。

手机下载文心一言 App 即可使用。

9.2.3 多模态生成

文心一言的多模态生成非常有代表性，它可以很快根据你的要求给出图片。

请你画一幅画，在大树下吃竹子的熊猫，水墨风格，中国风，印象主义，写意。

请再生成几副供我选择

请把熊猫画的更可爱一些

9.2.4 商业文案创作

文心一言能够精准捕捉人类意图并流畅表达，其背后的驱动力源自海量的数据资源所催生的“智能涌现”现象。这一大模型的构建依托了极为庞大的数据基础，包括但不限于：覆盖了万亿级别的网页内容，数十亿条搜索记录与图像数据，每日高达百亿次的语音交互调用，以及一个包含5500亿个事实的知识图谱，等等。如此庞大的数据集，特别是针对中文语言环境的深度覆盖，确保了文心一言能够理解并回应中文用户的各种需求与询问。

我想创建一家教育科技公司，可以给公司起一个什么名字？

基于您希望创建一家专注于教育科技领域的公司，并考虑到文心一言所展现的智能、数据驱动以及中文语言处理的独特优势，我为您构思了以下几个公司名字，每个名字都力求体现公司的核心价值和愿景：

1. **智澜教育科技**

- **理由**：“智”代表智能，与文心一言的智能特性相呼应；“澜”意味着波澜壮阔，象征着公司在教育科技领域的广泛影响力和不断创新的活力。

2. **慧语教育科技**

- **理由**：“慧”是智慧的简写，强调公司的智能技术；“语”则与语言、沟通相关，暗示公司在中文语言处理方面的专长；“慧语”合起来，寓意着用智慧的语言技术推动教育进步。

2. **慧语教育科技**

- **理由**：“慧”是智慧的简写，强调公司的智能技术；“语”则与语言、沟通相关，暗示公司在中文语言处理方面的专长；“慧语”合起来，寓意着用智慧的语言技术推动教育进步。

文心大模型3.5

3. **博学智汇科技**

- **理由**：“博学”代表广泛的知识和学识，是教育行业的核心；“智汇”则是智能汇聚的意思，强调公司汇聚了最先进的智能技术；“博学智汇”整体传达出公司致力于将广泛知识与智能技术相结合，推动教育创新。

4. **启航教育科技**

- **理由**：“启航”象征着新的开始和无限的可能，寓意着公司在教育科技领域的探索和创新之旅刚刚起步，充满希望和活力。

5. **文澜科创教育**

- **理由**：结合“文澜”（文化的波澜）和“科创”（科技创新），这个名字既体现了公司在中文文化教育方面的深厚底蕴，又突出了其在科技创新方面的努力与追求。

9.2.5 优秀的中文理解能力

文心一言大语言模型在中文自然语言处理领域展现出了不俗的能力。我们试着让它解释“胸有成竹”，文心一言精确解析了“胸有成竹”这一古典成语的丰富意蕴。此外，文心一言还以“胸有成竹”为创作主题，自动生成了一首藏头诗，既保持了传统诗词的韵味，又彰显了现代人工智能的创新与想象力，进一步证明了其在中文语境及中国文化传承中的适应性与表现力。通过这一系列展示，不难看出文心一言在中文理解与应用方面非常优秀。

胸有成竹是什么意思

胸有成竹是一个汉语成语，原指画竹子前要在心中有一幅竹子的形象、画面。后来比喻在做事之前已经拿定主意，有了全面的设想和安排。这个成语来源于宋代苏轼的《文与可画筼筜谷偃竹记》中的“故画竹，必先得成竹于胸中”。

成语寓意：

- 文与可胸中的竹子是他长年累月细致入微观察竹子的结果。其实，任何东西只要肯钻研、肯用心、肯琢磨，并且不怕吃苦，就能学得透、学得精。
- 无论做任何事情之前，都应该在动手前做好充分的计划，做到心中有数，否则遇到问题就会手忙脚乱，出现一些难以避免的错误。

成语用法：

- 成语在句中一般作谓语、定语、状语，多用作褒义，形容人做事很有谋略。
- 运用示例如清·李渔《闲情偶寄》：“开场数语，谓之家门。虽云为字不多，然非结构已完，胸有成竹者，不能措手。”巴金《谈灭亡》：“其实电影导演拍故事片，也是胸有成竹。”

反义词：

- 胸有成竹的反义词有心慌意乱、惊慌失措、心中无数、茫无头绪等，这些词语都表示在做事前没有充分的准备和计划，或者遇到事情时手忙脚乱、不知所措。

总的来说，胸有成竹是一个富有哲理和启示的成语，它告诉我们在做事之前要做好充分的准备和计划，做到心中有数，这样才能在遇到困难时从容不迫、游刃有余。

参考4条信息源

用胸有成竹生成一首藏头诗

胸怀壮志气轩昂，
有梦翱翔万里疆。
成竹在胸行路稳，
竹风清韵谱华章。

由文心大模型3.5生成

重新生成

9.3 通义千问

9.3.1 通义千问是什么

通义千问是阿里巴巴旗下的一款智能问答机器人。它是基于大语言模型的产品，利用自然语言处理技术为用户提供智能化的语音交互服务。通义千问能够回答用户的各种问题，提供深入的分析和推荐，帮助用户解决各种生活和工作中遇到的疑问和难题。

9.3.2 通义千问的特点

通义千问平台具有灵活的定制化服务和策略生成能力。其网络架构支持快速迭代和模块化设计，使其能够根据不同行业的需求进行定制化开发。在数据训练方面，通义千问注重行业特定数据的积累和分析，以提供更加精准的生成服务。通义千问在金融分析报告生成、市场趋势预测等领域有着广泛的应用。

9.3.3 如何使用

PC 机直接访问网址：https://tongyi.aliyun.com/。

手机应用市场下载 app。

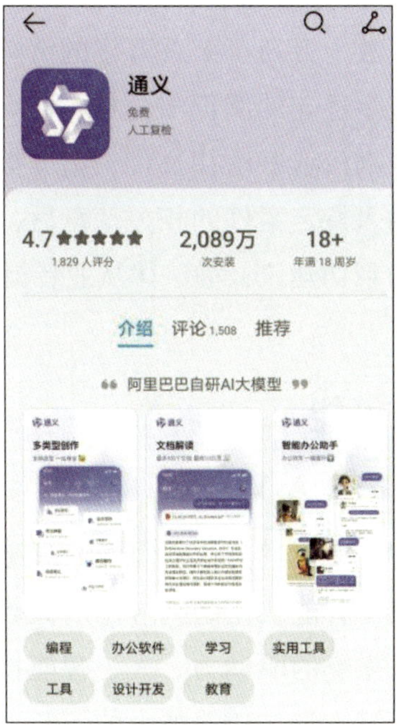

9.3.4 应用场景

通义千问 2024 年升级后，向所有人免费开放 1000 万字的长文档处理功能，具有优秀的全球文档处理容量能力。

很多人不知道在使用 AI 交流时，一开始能输入多少文字。最开始，通义千问显示输入上限为 1000 字。是的，只有 1000 字。接下来，2023 年 9 月公测，通义千问已经能处理 1000 万字的长文了。说明中国的大模型升级训练速度惊人。

此时，金融、法律、科研、医疗、教育等各专业领域内的精英，均可借助通义千问网站及其 App 平台，高效研读研究报告，深入剖析财务报表，轻松理解科研论文精髓，精准研判法律案件，迅速掌握医疗诊断报告，准确解读法律条文细则，全面分析学业考试成绩，以及便捷地总结与提炼深度资讯文章，实现信息获取与处理的全面提速。

在金融领域内，当一份公司财报被上传至通义千问平台时，系统能迅速自动化地提炼并总结出公司各业务板块的具体营收状况、利润增长等关键信息，即刻生成一份全面反映公司整体业绩表现的精炼总结。若进一步上传公司不同时期的财报，通义千问不仅能够智能识别这些时间节点上的业务变动，还能深入剖析业绩的演进趋势，生成详尽的财报分析报告，为用户呈现公司在该阶段内的业务转型、成长亮点及潜在挑战。

在法律行业中，面对动辄数十万乃至上百万字的浩瀚法律文档，律师与法官往往需投入大量时间与精力进行逐字逐句的阅读与分析。而今，通义千问凭借其强大的处理能力，能够迅速浏览并深入剖析这些法律文件，精准提炼法律条文的核心要点，显著提升工作效率。当进一步输入特定案件的相关信息后，通义千问能够依据其内置的智能算法，快速给出针对性的判罚建议，为法律从业者提供有力的决策支持。

9.4 人工智能的无限可能

通过一系列丰富的人工智能应用案例，我们可以看到各类 AI 在各个领域应用的无限可能，这些案例勾勒出了人工智能从模型到应用的概貌。人工智能将赋能于未来产业，并在新赛道中展现出前所未有的驱动力。人工智能技术的未来发展前景广阔，它正成为推动各行各业创新的关键力量。随着技术的不断进步，人工智能技术在多个领域的应用正逐步深入，不断发挥其潜力。我们可以一起期待一个更加智能的美好未来。